匠……现系列丛书

岭南传统建筑装饰工艺

匠作口述实录

华南农业大学林学与风景园林学院
华南农业大学岭南民艺平台
李自若　李晓雪　高　伟　编著

东南大学出版社

图书在版编目（CIP）数据

岭南传统建筑装饰工艺匠作口述实录 / 华南农业大学林学与风景园林学院等编著. -- 南京：东南大学出版社，2021.4

（匠心艺现系列丛书）

ISBN 978-7-5641-9482-6

Ⅰ. ①岭… Ⅱ. ①华… Ⅲ. ①古建筑－建筑装饰－介绍－广东 Ⅳ. ①TU-092.965

中国版本图书馆CIP数据核字（2021）第057461号

岭南传统建筑装饰工艺匠作口述实录

LINGNAN CHUANTONG JIANZHU ZHUANGSHI GONGYI JIANGZUO KOUSHU SHILU

编　　著：华南农业大学林学与风景园林学院
华南农业大学岭南民艺平台
李自若　李晓雪　高　伟
出版发行：东南大学出版社
社　　址：南京市四牌楼2号　　邮编：210096
出 版 人：江建中
网　　址：http://www.seupress.com
邮　　箱：press@seupress.com
经　　销：全国各地新华书店
印　　刷：徐州绪权印刷有限公司
开　　本：889 mm×1194 mm　1/20
印　　张：12.8
字　　数：380千字
版　　次：2021年4月第1版
印　　次：2021年4月第1次印刷
书　　号：ISBN 978-7-5641-9482-6
定　　价：98.00元

匠心艺现系列丛书

岭南传统建筑装饰工艺匠作口述实录

编委会名单

特别鸣谢　（按音序排名）

　　　　　陈美光　高　平　何大智　何世良　何晓君　何湛泉　金子松　赖在怀

　　　　　黎艳嫦　卢渤鑫　卢顺生　卢芝高　肖楚明　肖淳圭　肖明锐　许名泰

　　　　　潮州金丽木雕艺术研究所

　　　　　潮州嵌瓷博物馆

　　　　　潮州肖楚明工作室

　　　　　广州番禺世良工艺美术工作室

　　　　　赖在怀木雕工作室

　　　　　中山小榄菊城陶屋

★国家自然科学基金资助项目：英石叠山匠作体系及其技艺传承研究（项目批准号：51908227）

当我们面对抱持着“给造物以灵魂”的精神去坚守一门技艺的传统匠师时，我们一直在思考，身处风景园林专业的我们，究竟能为传承做些什么？

匠心艺现·序

造物予魂　匠心艺现

岭南园林的悠久历史可以追溯到秦汉时期，繁复绚烂、精雕细琢的传统工艺一直是岭南传统园林最为直接与具象的外在体现，也是岭南园林最为鲜明的特色之一。从某种程度上来说，岭南风景园林遗产特色的保护与传承，最直接的对象就是这些极具地方特色的传统工艺。

然而，中国传统文化中“形而上者谓之道，形而下者谓之器”的观念，使得重赏轻技的现象一直存在。两千多年来，具有高超技艺手法的名匠在中国风景园林史的记载中寥若晨星，而在岭南园林历史片段式的文献中，更难见到与传统工艺及匠师群体相关的记录。周维权先生在总结中国园林发展时曾经指出：“向来轻视工匠技术的文人士大夫不屑于把它们（造园技术）系统整理而见诸文字，成为著述。因此，千百年来的极其丰富的园林设计技术积累仅在工匠的圈子里口传心授，随着时间的推移而逐渐湮灭无存了。”

岭南地区作为中国较早与西方文化接触的地区，是最早受到西方建筑风格与现代技术影响的地区。西方现代技术为岭南传统建筑与园林的营造方式带来了翻天覆地的变化；中国社会近百年的急剧变化中传统与现代的冲突，也将岭南园林、传统工艺与传统工匠群体裹挟其中。

时至今日，岭南园林遗产由于受到历史进程中自然灾害、城市化发展等的影响，留存的数量、规模以及利用情况都无法与辉煌时期相比。而在对岭南风景园林遗产的保护修缮与当代园林景观建设工程中，常常出现专业建筑设计人员与施工团队因不理解岭南园林传统工艺特色而照搬其他地区园林技艺风格、施工质量粗劣等问题。现代生活方式的改变、审美标准的变化、现代机械化与产业化发展，使得岭南传统工艺与匠作系统的保护传承面临多重挑战。岭南风景园林文化遗产的保护思路、保护技术与手段相对缺乏，岭南传统工艺特色流失、传统工艺后继无人更让岭南园林文化遗产的保护不容乐观。

传统工艺是以工匠为主体，兼具技术性、艺术性、组织性和民俗性的造物过程。工匠们调动身体五感全力投入眼前的工艺制作之中，材料与技巧相结合，历经时间累积，以“给造物以灵魂”的信念让岭南园林呈现出独有的品质。

从非物质文化遗产保护的角度来看，岭南风景园林传统工艺与匠作体系记录的缺乏，使岭南风景园林文化遗产的保护与传承遇到了严重的瓶颈。由于地方历史文献与现有研究成果中一直缺乏关于岭南风景园林传统工艺的记录，更缺乏对匠作系统的记载，岭南风景园林的保护与传承仅仅停留在对“物”的保护层面，缺少从非物质层面对技艺与人的动态关注，无法呈现岭南园林作为地域文化遗产的完整性，也无法令大众全面、真实地认识岭南园林的价值，从而对岭南风景园林的传承与可持续发展造成阻碍。关注岭南风景园林传统工艺发展现状与匠师群体的生存现状，才能推进岭南风景园林保护与传承。

华南农业大学岭南民艺平台是一个关注岭南风景园林传统工艺与匠作系统保护与传承问题的研究团队。岭南民艺平台全称“岭南风景园林传统技艺教学与实验平台”，是依托华南农业大学林学与风景园林学院的一个公益性学术研究平台。岭南民艺平台以保护与传承岭南风景园林传统工艺为使命，以传统工艺的研究与传承教育为己任，以产学研相结合的方式促进与推动岭南地区传统工艺的再发现、再研究、再思考与再创作，为岭南民艺的可持续发展搭建一个研究、培育、互利的公益平台。

自 2016 年开始，我们实地走访了岭南地区的传统工艺匠人，以口述历史的研究方法，真实记录了岭南风景园林特色技艺的传承现状与工匠的生存现状。希望能为岭南风景园林传统工艺留下基础档案记录，厘清岭南园林以匠作系统为核心的传统工艺所面临的问题，以期从行业到学界角度，为岭南风景园林文化的保护与传承提出更为有效的思路与对策。

“工匠精神”并不是一句空话，是始终如一的专注、持续与坚持。我们希望通过持续地关注与坚持研究，能够为岭南风景园林文化遗产的保护与传承留下一份宝贵的记录。

华南农业大学岭南民艺平台

2020 年 10 月

目录

图 1-1 砖雕《六国大封相》局部

第一章 何世良

广东省省级非物质文化遗产名录砖雕项目代表性传承人

「我觉得更重要的还是艺，就是很简单的一个线条，你也要做出美感来。」

广府砖雕艺术历史悠久，造像精美，以纤巧、玲珑见长，因精细如丝而被称为“挂线砖雕”。精细者可达七八层，且在不同光线照射下，还能呈现出黑、白、青灰等不同色泽，画面起伏变化，熠熠生辉。沙湾何世良就是这门绝艺的唯一传承人。

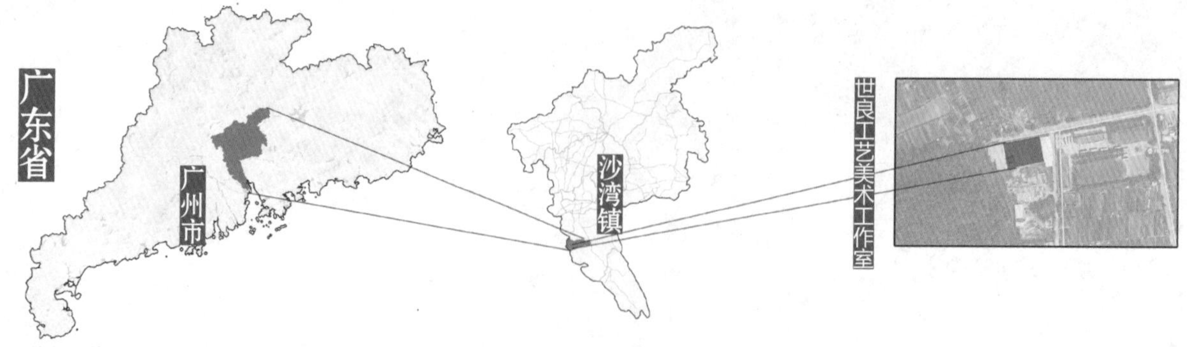

图 1-2 世良工艺美术工作室区位图

图 1-3 世良工艺美术工作室鸟瞰效果图

世良工艺美术工作室
区位：广东省广州市番禺区沙湾镇青萝路南
建立时间：2005 年
主人：何世良
经营项目：建筑装饰、祠堂修复、广式家具等

第一节 何世良及家人口述

沙湾——何世良生于斯，长于斯，建厂于此。它孕育了何世良对于传统建筑、对于雕刻的浓浓情结。世良工艺美术工作室隐匿在番禺沙湾一座偏僻的厂房里，占地 1000 多平方米，简单朴素。

我们到达的时候是下午，工作室门外堆积了数千块古青砖、大阶砖和木料。工作室分雕刻工作室与机械车间，前者用于纯手工工作，后者则用于结合自动化操作的工作。现在工作室主要承做广式家具、木雕家居饰品等。砖雕的需求量比较少，主要用于祠堂修复和私人别墅的中式装修。

工作室现有 30 多个工匠和学徒，在何世良的砖雕工作室内，几名匠师正在进行雕刻。砖雕扬起的灰尘，使得旁边的风扇也裹上厚厚一层“浓妆”。一块块砖头在工艺匠人手里，随着刻刀起起落落，伴随着叮叮当当的敲打，化作一颗颗岭南佳果荔枝、一个个生动人物形象。

广府砖雕以纤巧玲珑见长，因精细如丝而被称为“挂线砖雕”。在何世良之前，广府砖雕濒临失传。如今，何世良，一位优秀工匠带动一群人，共同带动一个濒临失传的工艺复兴，将精雕细琢的砖雕之美传承下去。

何世良

出生年月：1970 年 2 月

籍贯：广州市番禺区沙湾镇

技艺：砖雕、木雕木作

图 1-4 何世良和他 17 岁时雕刻的鹰

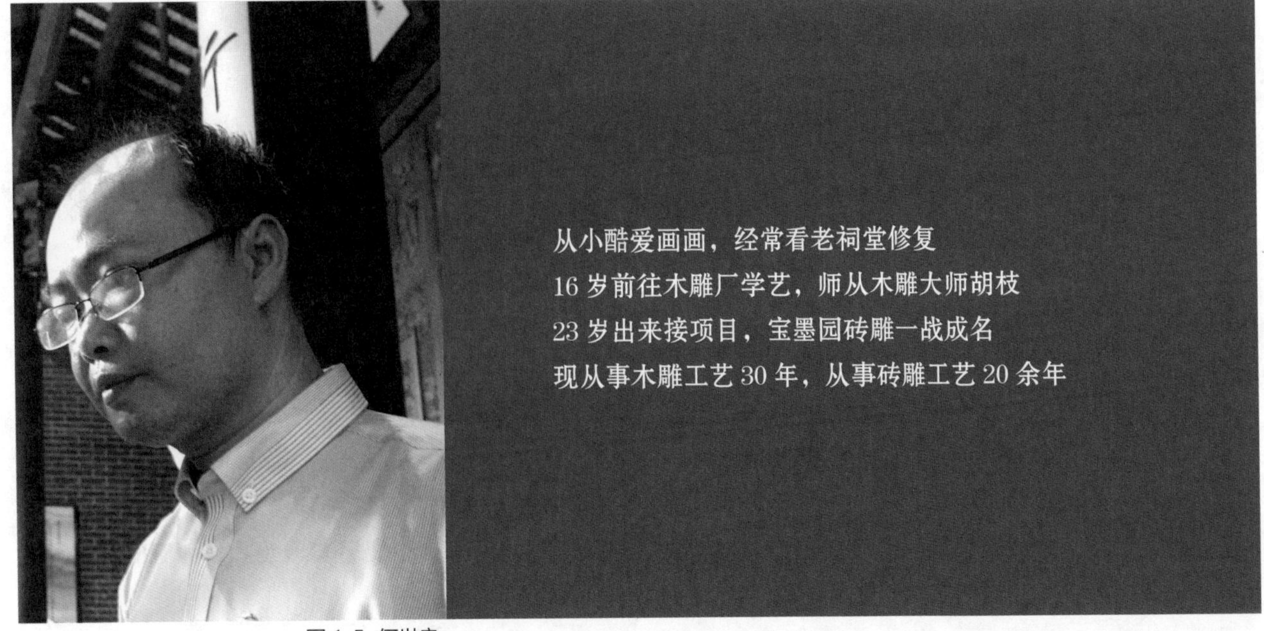

图 1-5 何世良

荣誉：

· 广东省省级非物质文化遗产项目（砖雕）代表性传承人

· “传承广州文化的 100 双手”

· 广州市番禺区广东省工艺美术大师

· 广州市民间文艺家协会理事

· 广州市青年美术家协会会员

· 广州市番禺区第六届“十大杰出青年”

· 个人事迹被编入《广东省档案·名人档案库》

代表作品：

· 砖雕《吐艳和鸣壁》（宝墨园），曾获 2007 年上海大世界吉尼斯之最。

· 砖雕《百蝠晖春》（粤晖园照壁），2009 年被上海大世界吉尼斯总部评为中国最大砖雕。

· 砖雕《岭南佳果》，在 2013 年第九届中国（深圳）国际文化产业博览交易会上获“中国工艺美术文化创意奖”金奖。

· 砖雕《六国大封相》，获第十二届中国民间文艺山花奖“民间工艺美术作品奖”。

· 砖雕《禺山飘香》，被广州大厦作为珍贵砖雕精品署名收藏。

· 砖雕挂壁《福字》，被广东省档案馆作为珍贵档案资料署名收藏。

· 木雕屏风《今古羊城颂》，被广州市档案馆作为珍贵档案资料署名收藏。

一、环境造就了他

何世良生于广州市文化古镇番禺沙湾，他从小喜欢画画，对沙湾随处可见的祠堂等古建筑很感兴趣。当我们问起他为什么当初先学木雕时，他笑着说："因为我是从小生活在沙湾，那个老房子呀，祠堂、庙宇都特别多。从小就看这个，所以就喜欢上了。我觉得这是环境造就、环境熏陶的。小时候对这个兴趣特别大。"

"一开始的时候没有说最喜欢哪个（砖雕还是木雕）。就是小的时候，读小学的时候喜欢上这些。老房子上的木雕呀，砖雕呀，灰塑呀，其实都挺喜欢的。小的时候就喜欢爬上去看。我在读初中的时候，就去看留耕堂的修复。

"看见喜欢的东西就画，我小时候就用粉笔在地上画画。其实是环境的问题，就经常看这个东西（壁画）。我们沙湾以前有名气很大的刘维园，在清末的时候非常有名，他有几个徒弟画得也非常好。陈家祠的灰塑也是姓靳的沙湾人做的。所以其实沙湾出的人不少呀，只是很多都没有被挖掘，比如'何氏三杰'。"

何世良对沙湾的热爱远超乎我们的想象，他的为人与艺术都扎根于那纯朴的沙湾乡土中。沙湾的文化氛围造就了世良对木雕、砖雕的热爱。

图 1-6 何世良重修的门楣灰塑装饰（三稔厅）

图 1-7 何世良介绍砖墙

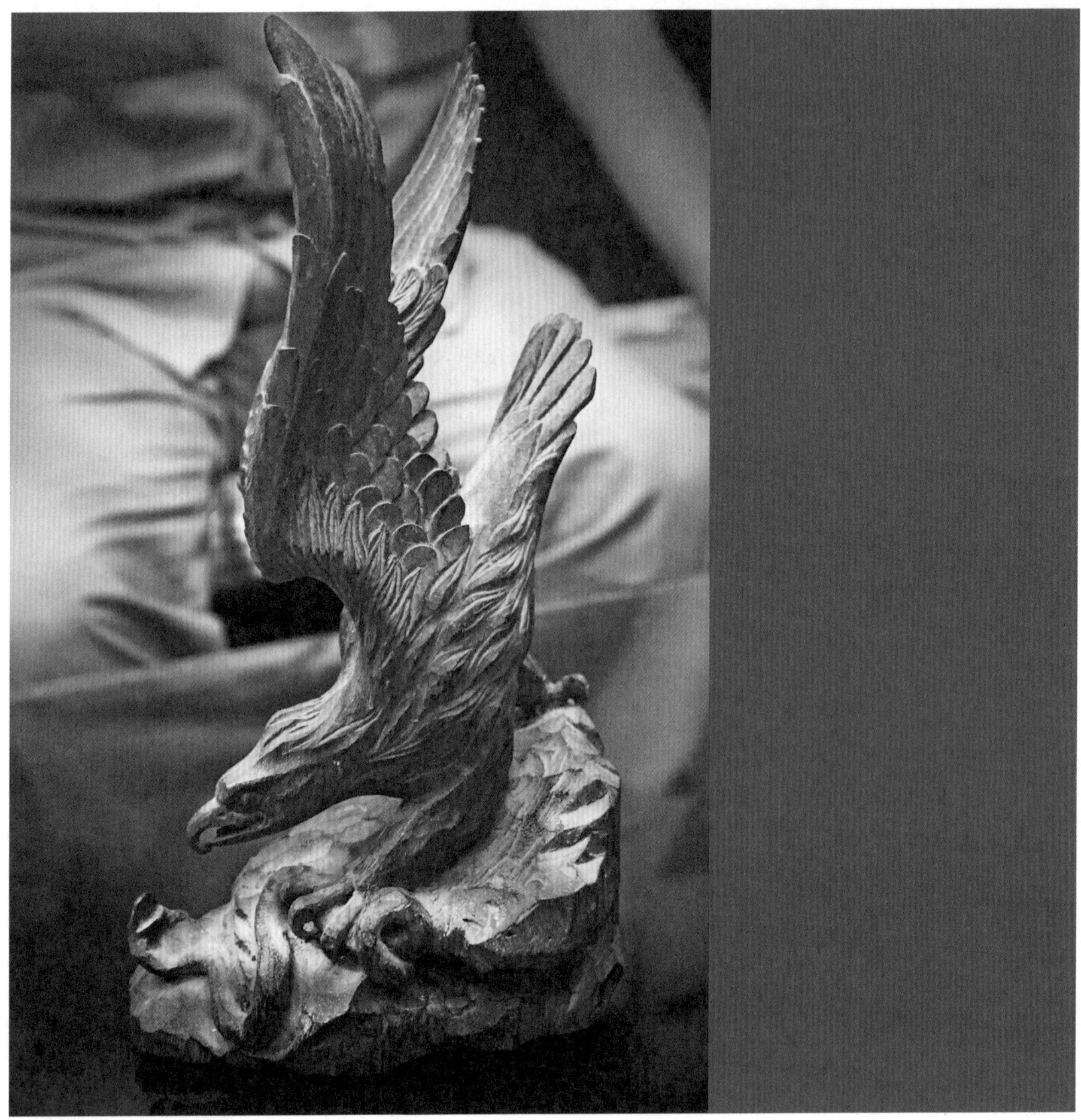

图 1-8 何世良 17 岁时雕刻的鹰

二、习木雕源于兴趣

“我最早是跟一个石楼的师傅（学习木雕），石楼就是番禺石楼镇。那个时候学了几个月之后才到广州。在石楼学了几个月觉得这边（学习的内容）比较简单，学了一段时间都没有一些比较（难的东西），又听说广州那边招学徒，其实我在沙湾干的时候赚的工资已经很高了，但是还是继续到广州。在广州那边学的东西就比较多咯，（比较）有挑战性的。（我很）自觉的，还在那边学画图，学雕一些很复杂的东西。

“这里还剩下一件东西是那时候做的，回来的时候做的，那个鹰（图 1-8）。那个是 1987 年的时候雕的。这个不是独立创作，是临摹石湾陶瓷。那个时候在我老爸的朋友家看到这个鹰非常的好看，然后拿回来（照着）做了。这个比较有意义，是我 17 岁的时候做的，是以石湾陶瓷来临摹的。当时做这个东西非常投入呀。其实那时候还小，做了一批这个东西，但是都散掉了。这个嘴都没有完工呀，因为这个嘴太容易烂了。那个木纹是这样的，所以那个时候就干脆不开了，因此鹰嘴就没有开了。没开好干脆就不开了，把它留着，就剩这个了。当时在广州回来雕了很多这个东西，有的是创作的，有的是临摹的，有一批都不见了，只剩下这一件了。那时候是挺有激情，挺有冲动的。

“当时我从沙湾这边其实已经赚到（每个月）两三百块工资了，在 1986 年的时候已经是非常非常高的了。当时我老爸可能一两百块钱的工资，在厂里做机械工嘛，他们就觉得做这一行（机械）怎么就这么赚钱。后来我决定去广州学（木雕），他们就不理解我，赚那么多钱又要到广州当学徒。那时候在广州当学徒是没有什么工资的，只有零用钱。”

三、勤快与肯学

“其实刚开始的时候，他们（广州的师傅们）就觉得我比较勤快，还是肯学的，大概做了一个月，就（发现我）跟其他人不一样。那个时候除了东西做得好以外，我晚上不睡觉，（他们）就很奇怪。我晚上几乎都是快两点才睡，他们就说怎么那么奇怪的。其实那时候做了不太好的事情，因为我拿他们的图纸来学画。过了一个多月之后，他们就觉得（好奇）我怎么晚上都不睡觉，然后就到厂里来找我，在床底找到一些图纸，是描的他们的图纸。那个是不对的，对厂家来说图纸是非常重要的，是保密的。我这样偷图纸就是（不对），其实我那个时候没那个意思。我当时叫胡枝师公，他平时也来教一下，但是不是教的特别多。我的师傅也来教一下，就是胡枝的儿子，我叫他师傅。开始的时候，主要是师傅教我。之后胡枝看了我的图纸，他不光没怪我，还觉得这个人非常值得培养，反而很高兴，从那个时候他教我画图，亲自教我雕。

“还有一件事是，我也是在偷偷地雕，也是晚上，雕一些比较复杂的东西。就是晚上自己拿一些碎料，雕那个狮子（图 1-9）。当时雕那个立体的狮子，就是圆雕的狮子，是非常有水平的师傅才能雕的。他们整个村（的人）都是做红木雕刻的，都没有几个人能够雕的。那我就自己晚上雕，最后雕了几个。他们也看到了，其实跟画图那个那样也是不行的。哎呀，一般的师傅是不让雕的，觉得基础没打好就雕这个是不对的。胡枝看到却觉得我这个人挺好，他那个思维就觉得，我还是比较愿意学习的，而且还是潜质非常好，学得很快。然后，胡枝老师就非常用心地教我。”

图 1-9 圆雕木作构件

图 1-10 何世良在雕刻

四、差点放弃雕刻

“从广州学完回来以后做了一段时间（木雕），在红木厂做。1993 年的时候，我把手搞伤了，干不了活儿，雕不了刻，根本雕不了。那个时候我以为我玩完了，（这一行）不一定做得下去了。然后就进了我老爸（工作的）那个小工厂，做机械工。做了大概两个月吧，差点把我闷死了。但是那个时候也在继续画画，还寻找机会去治手，后来就好了一些，好了之后就不想做机械工了。刚好那时候我的师兄找我，说有个红木厂找一个师傅，要懂得画图，雕刻手艺要高的，所以我就（去了）。

“那个时候我的手差不多刚刚好，不过现在还会痛，旧患是好不了，但是还能干活儿。而且那个是做师傅嘛，雕刻强度不是很大。那时就到广州岭南木雕厂当师傅，那个时候还是比较年轻的，23 岁。当时就管几十人的，其他那些都是老师傅呀，所以刚开始的时候还是有非常多阻力的。有很多老师傅（以前）在那边看着我当学徒，怎么现在当了老师傅了，可能心里有些不服气吧。但是后来看到我画图画得那么好，确实雕刻又比他们好得多。当然他们比较熟练，但是雕那个造型总是跟我的不能比。而且很多都是我画出来，我创作出来的东西。所以大概一年以后慢慢就容易管理了，知道我这个人确实比较有能力，还是可以的。”

五、结缘砖雕

何世良师从胡枝大师学习木雕，那么他又是怎么和砖雕结缘的呢?

1995 年，何世良相继承接了南沙天后宫木雕工程和莲花山观音造像及木雕工程。在承接宝墨园木雕工程的同时，还承接了少量砖雕工程。巨型砖雕《吐艳和鸣璧》就是在这个机缘巧合下诞生的。

“我觉得这个就是缘分。其实很小的时候，读小学的时候，我就喜欢玩砖。因为我们那边有很多旧青砖。很多旧的房子倒了，没人管的时候，砖雕就烂掉了，我们当时也捡了一些。那个时候就很喜欢用砖头磨成各种各样的形状，圆形呀，三角形的那种。其实那个时候就自己试着雕，用那个小刀划划划。一直都有这种尝试，木雕反而没有。

“1993 年，开始在岭南木雕厂工作。做了两年多，到了 1995 年差不多年底的时候，有一个工厂在南沙天后宫，找我这类型的人做木雕。然后那个时候一个朋友跟我说，要跟我合作做这个东西（指南沙天后宫木雕工程），我就想尝试一下。当时家里是反对的，他觉得我在岭南木雕厂做工资不少呀，而且比较稳定。现在出来接活儿，能不能成都不知道。但是我觉得我还是出来做会更自由一点，可能自己做的东西会更好一些。而且那个时候觉得带一帮人出去闯荡一下应该还是可以的，不行再回厂里打工咯。当时是这样想的，因为我一直对自己很有信心。那个时候 20 多岁，在雕刻和画图方面已经有一定的基础。我觉得我是有一定能力出来干的，这个我对自己很有信心。”

图 1-11 何世良讲解青砖

图 1-12 砖雕“岭南佳果”系列之一

“（我是）1995 年下半年出来干的，带着几个徒弟。因为当时在岭南木雕厂也负责教一些徒弟，然后我自己出来做他们就跟着我，后来他们都是比较满意的，就一直（跟着我）做了。到了 1995 年底或是 1996 年初，我在南沙做了四五个月之后，宝墨园就开工了，他们有一些砖雕（要做）。其实刚开始他们找了一些其他地方的施工队来做砖雕，做出来非常不满意，觉得那个风格跟我们岭南不太配，不像广东的东西。当时是请了浙江的师傅，他做出来的味道不一样呀，看着就不同了。后来就让我尝试一下，在 1995 年底的时候，具体时间我也记不清了。那时候我就尝试雕了几个小砖雕，结果他们都非常满意。

“我在南沙做的时候觉得我自己出来干是正确的，也是在那个时候赚了我的第一桶金。虽然不是很多钱，赚了几万块钱，当时也算是可以的。到了 1996 年底，我无意中听到他们说要做佛像、观音像，还在浙江定了一个千手观音。然后我就跟那个老板说，你那个千手观音应该给我做才对的。他说这么大的千手观音你都敢做么？我说我怎么就不敢做了，那个挺简单的呀。其实那个时候我也雕过不少小的佛像，雕得不错的，我说放大了之后还不是一样的么。”

六、接触大木作

“大概是 1997 年年初吧，我做了两个小祠堂的大木作，那个时候是非常简单的。大概在 1999 年以后，我开始大量接祠堂和寺庙的活儿，自己画，自己做。现在大概多少年了，差不多 20 多年了。现在我做这个祠堂（的活儿）我觉得很简单的，就不用花什么精神。

“譬如说这个庙，它整个都烂掉了，你就要重新去做，重新去画。那个时候对大木很感兴趣，大木很简单啊。一直到顺德、南海、番禺、东莞，有光做木的，也有整间的。整间我自己画，自己建。其实我的量不大，跟其他施工队比真的太少了。其实当时（做得）不是非常好，但是比一般人好，慢慢开始做咯。到了 2012 年的时候，工程几乎就没有再接了，做家具做雕刻已经忙不过来了。那时粤博（粤剧艺术博物馆）找我的时候，（我）重新再做（大木作）。接触大木作大概有 20 来年了，做祠堂，做庙宇，有很多间是我自己画，自己做。”

何炳林院士纪念馆（图 1-13）原有的门厅已毁掉。重建时，由于道路限制只得将门厅向后退让。门厅设计中，何世良做了很多考量，先做 1∶2 放样，后来再做 1∶1 放样，最终确定大小与样式。

图 1-13 何炳林院士纪念馆

图 1-14 三稔厅中的广式家具

七、谈广式木雕特点

“广式（家具）的最大特点，我觉得就是，粗中见细。大格局是非常大气的，然后你看细部，它是每一个细部都很严谨、很到位。每一个局部，它都有味道，放大也没关系的，这个是它的特点。我自己比较注重‘艺’的方面。就我们而言，就算是很简单的一个线条，你也要做出美感来，这才是‘艺’。

“(广式家具难在)它吸收了很多西方的人体工程学的原理，它有很多地方是有弧度的。弧的地方多，变化多。做起来你要仿得既很好看，又很好坐，难度挺大的。做明式的就比较简单，榫卯都比较简单，直来直去的。圈椅它就上面一圈就行了，结构上比较容易做。”

八、“每一个我都好像放弃不了”

何世良从零开始，做到现在20多年了。木雕、大木作、砖雕、家具，他基本上一直在探索，去尝试他比较感兴趣的不同的领域。当我们问到有没有想过何世良工作室以后的发展方向时，他回答说：

“因为这四样东西都非常喜欢，（笑）不知道选哪种更好一些，都不能放弃。比如家具，说实话我有能力做最顶级的家具，你要我放弃，我好像又不舍得放弃。砖雕就更加如此，我是传承人了不可能放弃。做了30年木雕，不可能放弃吧。大木作是我最有兴趣的一个。所以每一个我都好像放弃不了。”

时代在进步，我们问何世良工作室会不会转型，他说出了他藏在心里的梦想：“我希望能有一个大的广府的院落，从设计到完工都是我一个人做起来的，做一个真正能代表当代的广府的东西，就很喜欢。但我自己投资好像不太可能（实现），像这种事情只能是梦想。”

图1-15 世良工艺美术工作室出品的砖雕小件

图 1-16 何世良的画作

九、画画陶冶性情，培养艺术眼光

“我不尝试玉雕、石雕，不尝试太多，但是我最终还是喜欢画画的。我以后年纪大了，还是以画画为主。现在就喜欢画大写意了，水墨，对雕刻各方面也有一个影响。其实眼光是最重要的。我觉得做艺术的，欣赏水平是排第一的。欣赏水平有了以后，你就知道怎么做才好。有些事情大家都这样做，但有时候就差一点点，它的味道就来了。有些人做一辈子都做不好，他自身的修为不够，自身的欣赏水平不够，永远都达不到那个点。可能他雕刻的水平、技艺比我还高，但是他永远做不了我（做）的东西。”

何世良少年时经过相当长时间的造型训练，至今仍经常去看画展、工艺展，对绘画也有自己的想法。“求变，但是我是站在传统的基础上变。我以后画的画一定是比较有当代语言的东西，但我不会完全放弃传统。其实我做雕刻也是跟其他人不一样的，我有自己的想法。我画画也是，要有自己的想法。”

十、授徒

谈到怎么培养徒弟，何世良自豪地说：“我一直都跟他们说，多看书啊。”

“有工艺展啊什么，我肯定带他们去。经常有工艺展，他们都去了。所以这个（“莲蓬青蛙”砖雕）是（徒弟）高平他自己独立做的（图 1-17），已经不错了。这个底座肯定要我帮他想，这底座别小看，底座做得不好等于是完蛋了。这个底座是我帮他搞的，但这个（砖雕）基本上都他自己独立（做）的，他有画的能力，才可以做。”

何世良对徒弟的要求很高。“但他（高平）现在还没有完全达到我的要求。因为这个（青蛙）这样放在这个位置不好，要不再后一点。这个（荷叶）再大胆一点这样卷下来，大胆一点，线条会更美。然后这个（青蛙）就后一点点，那构图就会更好一些。然后这个（莲蓬叶）呢，这个口，可以再大一点点。这样，它整个的线条对比就会美一点。但他能达到这个（水平）我也觉得很不错了。”

何世良的微信上基本都是关于艺术的东西。“他们（徒弟）还是看书看得少。但现在有了微信之后，他们眼界会宽广很多。我的微信基本上都是艺术类的东西，有很多文章还是不错的。很多资料可以用的，都可以分享给他们。因为现在也是有很多我以前看不见的东西，慢慢他们会清晰、会看得见，那就鼓励他们。其实手绘能力是很重要的，无论你是学哪个专业，只要是艺术类的，手绘能力就很重要。”

但是何世良对徒弟还是很放心的，也打算将工作室的一些事务转交给徒弟打理。“阿财、高平他们愿意的话，我就慢慢把这个（工作室）平时的事务移交给他们，我自身准备以创作为主了，再过两三年吧。当然如果建筑的设计，肯定是由我来做，他们负责按我的要求（做），因为他们自己独立创作的能力还是不够的。”

访谈与整理人员：华南农业大学岭南民艺平台广府木雕砖雕研究课题组

何世良的办公室放着徒弟的作品。讲起徒弟比较满意的作品，何老师有点小骄傲："我也经常鼓励他再多做尝试。"

图 1-17 何世良徒弟高平的砖雕作品

图 1-18 何世良的父亲杰叔

何世良父亲杰叔

籍贯：广州市番禺区沙湾镇

年龄：74 岁

身份：工作室“大管家”

何世良小的时候，杰叔为了给世良买画特意跑去广州。家里没有人做这些传统手工艺，原本世良也答应爸爸去做机械，但是后来瞒着爸爸报名当木工学徒。当时爸爸很生气，但是又没有办法："人不可以勉强，他不中意学，没心思学，心都不在这里，哪有用啊。"

现在何世良成就杰出，但是杰叔却说他没有表扬过世良，还会说"你怎么会这么笨啊"，但他从心里默默关注儿子:"我希望儿子不需要那么大间厂,过得去就算了,钱真的没什么。但希望他在艺术上有更高追求。"

"他对艺术，各方面要求都高。做事有干劲。"

访谈与整理人员：华南农业大学岭南民艺平台广府木雕砖雕研究课题组

图 1-19 何世良父亲和广府木雕砖雕研究课题组成员合影
（从左到右：李自若、李晓雪、杰叔、余文想、杨潇豪）

图 1-20 师傅们合作的砖雕半成品

第二节 何世良工作室工匠名录

工作室里面大多数的工匠已经工作了三五年以上，还有很多已经在这里工作了 20 年。他们熟悉这里的工作，每一位师傅都能从事多种工序。在工作室里，每一位师傅心里想的是，他们不用做得多么的快，他们只需要尽力将手中的砖 / 木雕做到完美。

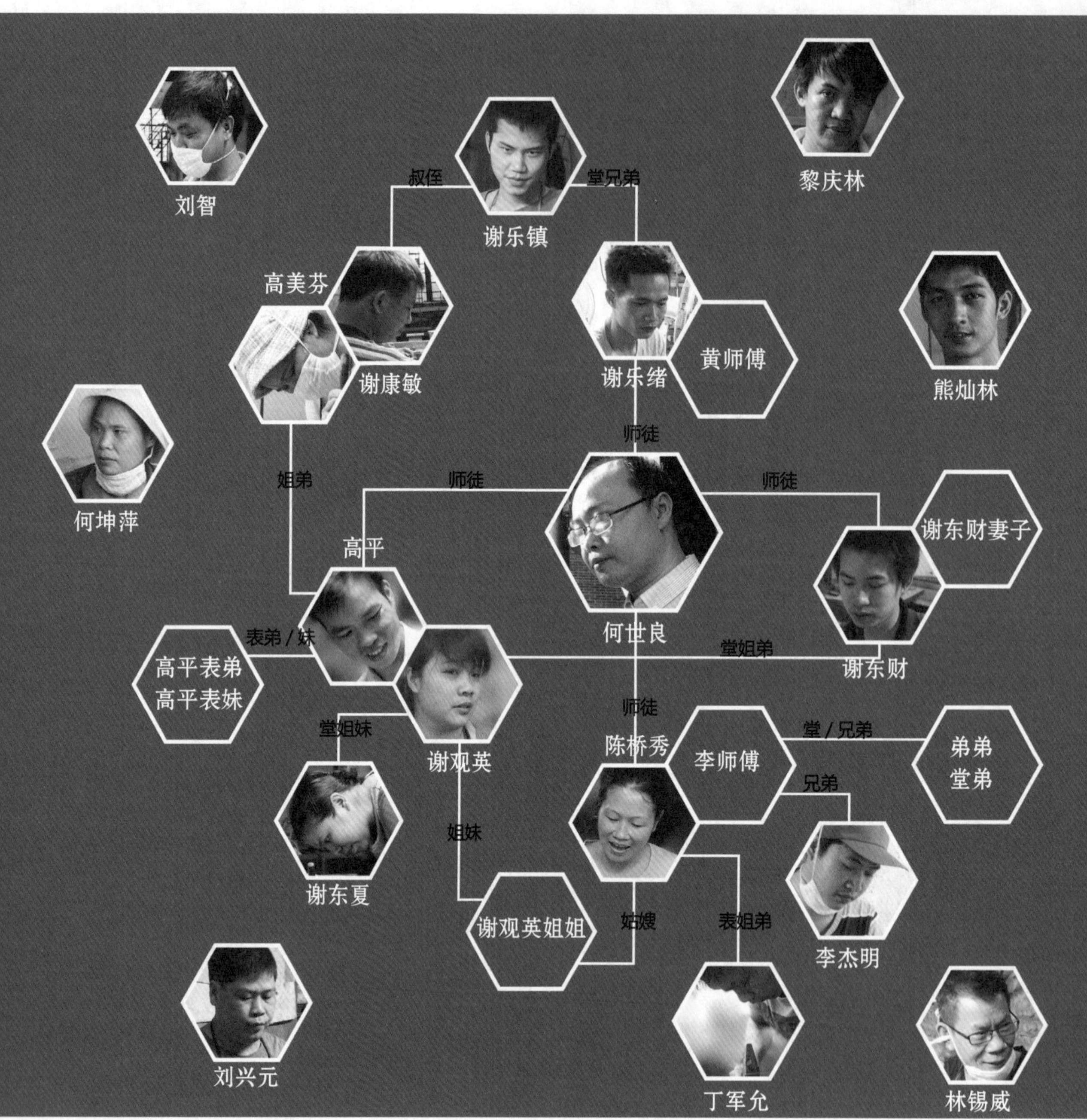

图 1-21 世良工艺美术工作室工匠谱系

一、工匠团队

世良工艺美术工作室里的很多工匠之间都有师徒或亲缘的关系，也因此产生了源源不断的活力。他们或是亲戚间介绍，或是在工作室里找到了另一半。此外我们还可以发现，新的工匠也在不断地加入何世良的工匠团队里面。

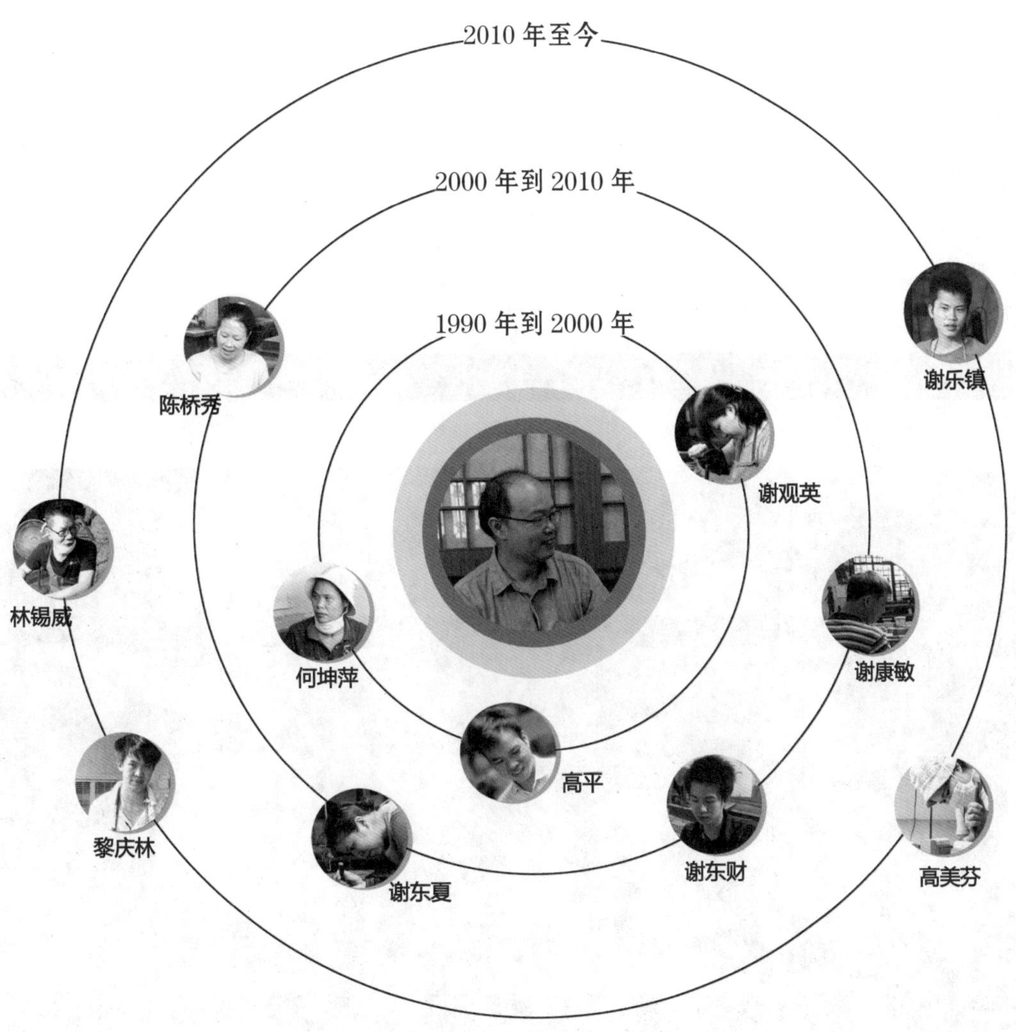

图 1-22 工匠进入工作室时间关系图

二、工匠名录

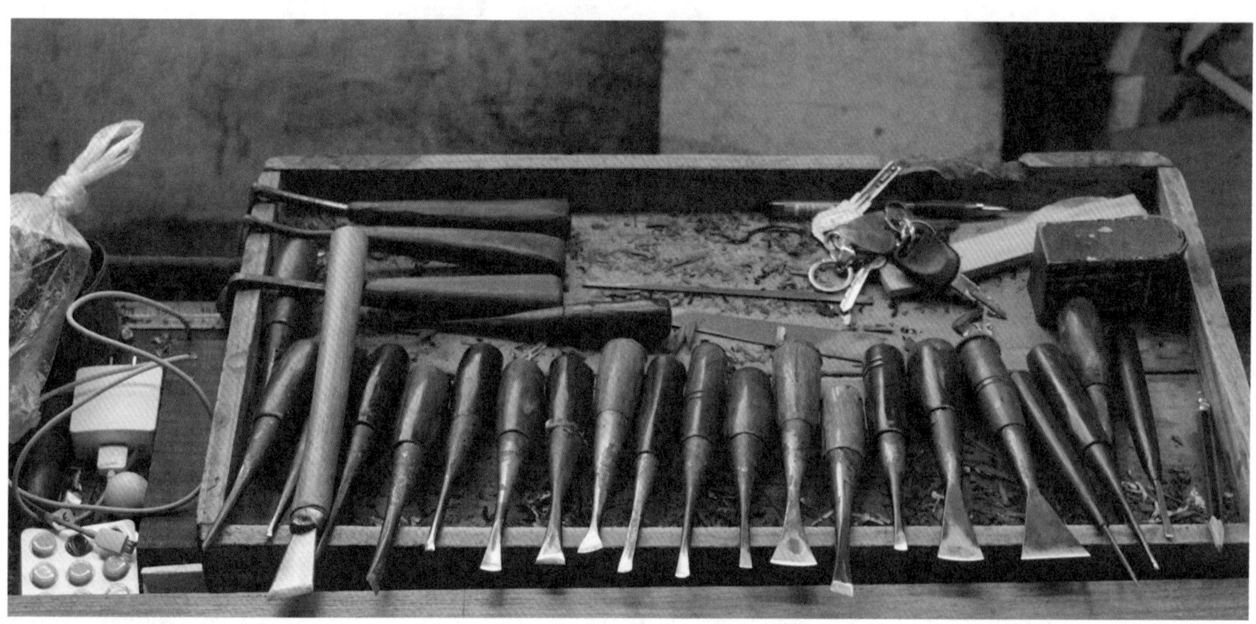

图 1-23 木雕工具

（一）高平

广府砖雕广州市市级传承人

生于1978年，广西桂平人，是何世良的徒弟之一。1997年，高平便跟随何世良老师当学徒。二十年来与何老师共同工作，互相督促，共同进步。在他看来，砖雕比木雕容易掌握，砖雕学起来要快很多，能真正学到工艺。

自己创作过一些小型砖雕，是何世良办公室里砖雕《莲蓬青蛙》的作者。

图1-24 高平师傅

（二）谢观英

广西梧州人。1999 年刚出来打工时就在工作室工作，至今已有 20 年。她和高平在工作室认识并结为夫妻。姐姐和姐夫都是同行。学木雕一开始是由姐姐带，后来姐姐回家自己单干了。2004 年开始学砖雕，她在工作室帮忙做砖雕。但她更喜欢木雕，平时也是做木雕。谢师傅认为现在年轻人很少做这行，因为觉得辛苦。整体看来，木雕和砖雕这几年还是发展得比较好的。

参与了粤晖园砖雕、粤剧艺术博物馆广府木雕砖雕、广州市国家档案馆木雕《今古羊城颂》的制作。

图 1-25 谢观英师傅

图 1-26 正在修光的谢东夏师傅

（三）谢东夏

广西梧州人。以前在中山跟着浙江师傅学了三四年木雕，后来因为沙湾老乡多，而且自己喜欢手工雕刻，2010 年就来工作室工作。谢师傅也学过砖雕，如果砖雕人手不够会过去帮忙。

参与了粤晖园砖雕、粤剧艺术博物馆广府木雕砖雕、广州市国家档案馆木雕《今古羊城颂》的制作。

（四）谢乐绪

生于1981年，广西梧州人。刚出来打工的时候做装修，太辛苦受不了，故15岁时跟着叔叔转行向何世良老师学习打磨。后来曾离开工作室，但最后还是回到了这里。因为自己喜欢光亮，一直从事打磨工作，带过几十个徒弟。和黄师傅在玩具厂认识，后来一起来工作室工作，并结为夫妻。在做不好作品时会彻夜想着要怎么样改进工具，提升效果。

图1-27 打磨师傅谢乐绪

图 1-28 刘智师傅

（五）刘智

40 多岁，广西梧州人。之前在广州做木工，后来来到工作室工作。刘师傅使用的工具很多都是自己做的，觉得目前从事的这份工作做开了就不是很难了。刘师傅会自己做整套椅子。有想过回家单干，但是觉得现在这行市场上竞争激烈，要销售出去比较困难。

（六）陈桥秀

生于1984年，广西阳朔人。19岁的时候来工作室跟着高平学习。学过砖雕，她认为木雕、砖雕雕花方面差不多，但是砖比较脆，要很小心。她还认为艺术方面要靠自己想象，千变万化，做起来还是挺感兴趣的。偶尔会看这方面的书，也会看别人的作品。自己做的也会拍下来，翻来看看细节，与其他师傅互相交流。白天上班都是做木雕、砖雕，但是不会觉得累，因为感兴趣。丈夫在开料那边工作，进来比较早。建议年轻人如果对工艺感兴趣的话就要去做。

参与了雕刻砖雕“岭南佳果”系列之一。

图 1-29 陈桥秀师傅

图 1-30 谢东财师傅

（七）谢东财

广西梧州人。何世良的主要弟子之一。之前在别的厂做过 2 年，之后跟着何世良老师学习了 8 年。谢师傅觉得家具市场这两年的环境也很差，但是这里有很多东西可以学。除了人物，其他题材的砖雕都会雕。“这个（人物）真的很难学的，我学了快 10 年，都没有学到什么”，“其实也不是要求做得多么的好看，而是神韵要做出来”。平时也有做过一些小的砖雕作品。

参与了广州市国家档案馆木雕《今古羊城颂》的雕刻。

（八）谢乐镇

1990年之后出生，广西梧州人。之前做过销售、服务员，四五年前经叔叔（谢康敏）介绍过来，跟随叔叔学习。来这里工作是为了生活，也是为了以后有一门手艺能养家糊口，而且比较稳定。刚来的时候压力比较大，但是为了不丢叔叔的脸硬着头皮上。最先学安装，后来慢慢自己学习，现在基本的工序都学过。没有学雕花，因为觉得电脑也能雕，竞争比较大，而且自己也不想学。

工作之余会做一些小玩意儿，比如小葫芦、小勺子。因为外国的木头不让出口，行业发展越来越衰弱了。一般年轻人不会来做这个，因为很危险，又脏又累，而且工资低，自己就受过两次伤。等赚够了钱，想去创业，开一家慢调酒吧，如果失败就再回来。喜欢旅游，最想去美国旅游。

图1-31 谢乐镇师傅

图 1-32 林锡威师傅

（九）林锡威

50 多岁，广州沙湾福涌人。几十年前入行从事木工，在沙湾第一间红木厂当过学徒。当时学得很粗糙很快，但师傅教得比较全面，现在就比较单一了。四五年前自己找到何世良来工作室工作。很多工序都会做，但是一般做前期的工序，觉得每一道工序都要做到尽量完美。因为怕脏，很少做砖雕。“自己做了这么多年，什么都是可以说的识小小（会一点点），但是不可以扮代表（做专家）。”经历了机器的更新换代，他说：“有一些用电脑就很死板的，全部都一致，就很死板，没有这个（手工）生动。”

（十）李杰明

广西人。以前是做木雕的，经人介绍至世良工作室，在工作室已经工作五六年了。

在工作室里刚开始做木雕，后来对砖雕感兴趣，于是开始学习砖雕。现在在工作室主要是做砖雕的打坯工作。平常还会做一些小的工艺品创作。在工作之余，会画素描或者一些简单的线条练习来提升自己的绘画技能。

对于未来暂时没有什么打算，没有离开的想法，因为自己在工艺上没有做得很好，想在工作室继续学习。

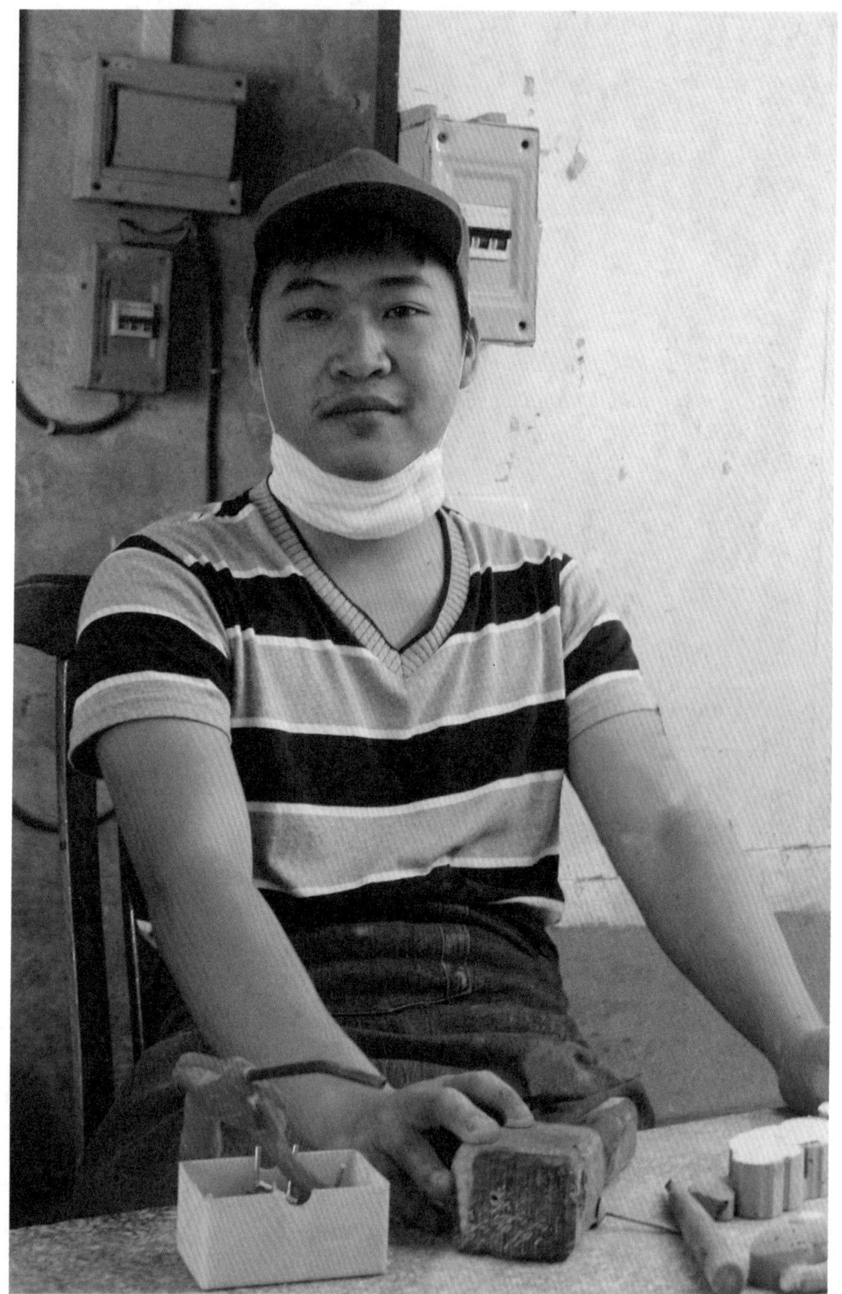

图 1-33 李杰明师傅和正在打坯的砖雕

图 1-34 正在修光的何坤萍师傅

（十一）何坤萍

广西人，已经在工作室里工作了快 20 年。刚进工作室时，从学习木雕开始，后来被安排到砖雕部门。现在主要从事砖雕修光，木雕人手不够的时候，也会到木雕那里帮忙。刚开始对木雕、砖雕不感兴趣，做着做着就喜欢了。现在工作稳定了，也没有转行的想法。很想在家里摆一件砖雕，也想学画画。

参与了粤晖园、宝墨园的砖雕制作。

（十二）黎庆林

广西人，在工作室工作 4 年了。

2015 年开始学习打坯和修光，目前从事的工序主要是砖雕的开料和安装。怀着学习一门手艺的想法来到工作室。因为师傅安排学习砖雕，所以也不想重新学习木雕。

平常只有一个人在楼下工作比较无聊，假如不是厂里面老乡多就考虑离开这里了，目前还是想在这里一直做下去。没有想过要达到老师那样的技术，那样的话还要学习很多东西，比如画画。

参与了粤剧艺术博物馆的砖雕制作。

图 1-35 正在看图纸的黎庆林师傅

图 1-36 工作中的熊灿林师傅

（十三）熊灿林

广西人,1999 年的时候经由在工作室工作的舅舅介绍过来工作。2005 年、2006 年的时候,辞职回了老家广西。2013 年接到了何世良老师的电话，又回到了世良工艺美术工作室。

在工作室里从事木雕 / 砖雕贴图纸、砖雕打坯、砖雕外出安装等工作，开玩笑说自己是“打杂的”。“比如我搞那个花，如果我搞错了，前面的人的工夫都白费了，好像你盖一层楼，前面（的工作）要（做）好，后面（的工作）也要（做）好。”很喜欢砖雕，觉得砖雕很靓。

参与了宝墨园、清晖园、粤剧艺术博物馆砖雕的安装。珠三角的南海、三水、佛山、深圳这些地方都去安装过砖雕。

（十四）刘兴元

生于1980年，江西人。之前在家乡学的手刨，到广东学的木工。在很多地方做过工，一间厂一般待五六年，六年前来到这里。多从事安装工作，没有做过雕花。

工作室里的工匠们是个团体，大家会互相指教。“我不会的他可能会，就问他，他不会的又有更厉害的人。所以我们就是一个团体嘛，就像这个（满洲窗），这个接这个，接在一起，是不是啊。”

图1-37 正在组装满洲窗的刘兴元师傅

图 1-38 在修光的高美芬师傅

（十五）高美芬

广西人，高平的姐姐，2011 年来到世良工艺美术工作室。

主要工作是砖雕的修光，有时候也会做木雕。刚到工作室的时候，师傅带着练习用刀打出一个球。当时没有雕刻基础，觉得这不是一件简单的事情。现在还是觉得砖雕很难，自己还没有完全掌握。

三、工匠谈工艺

·细致

世良工艺美术工作室里的每一件作品都不是轻轻松松一两天就能够完成的，而是需要长足的耐心来细细雕刻和打磨。这里的工匠师傅们工作起来都非常细致和认真。从事工艺已经19年的何坤萍师傅感慨：“这些都是要很小心的，要有耐性，但又不是个个都做得到。有时粗手粗脚的那些人就容易做坏。”细致，是手工超越机器的地方。“做不精细的话就不用纯手工啦。现在人家都用机器了，但机器跟人工的细致（程度）差得远了。”谢东夏师傅说。

·追求

细致的工作使得一件工艺品往往需要很长的时间来完成，几个窗框的制作就要耗费一位师傅将近一个月的时间。但是何世良老师并不会催促赶工，他对工匠的要求不同于一般的木雕厂要求的时间上的快，而是要求质量。“所以我当老板赚不了钱就是因为这个。我很少去催他们，除非是非常赶。好像当时做（粤剧艺术博物馆砖雕）的时候，我就非常紧张，催他们赶活儿。其实我平常很少这样，太紧张的工作我一般都不接。”何世良老师说道。

何世良的不催促和高要求对工匠师傅们产生了潜移默化的影响。师傅们都对自己有非常高的要求，没有一位师傅认为对自己现在的工作已经完全掌握了。很多在某一个工序上工作了多年的师傅都会说自己还是觉得难，做得还不能让人满意。从事了五年砖雕工艺的高美芬师傅就说：“现在都还没有上手。刚开始用砖打球，难。现在还会觉得难，一边做一边学。”

几乎每一位师傅在谈及自己的工作的时候都会说，在工作室里工作，不是要求快而是要求精细。从事木雕修光的谢观英说：“就是要质量第一啦。如果快，做得不好也不行。我们的老板要求很高的……是啊，慢慢做，做好一点，他（何世良）也不要你做得快。”镂刻满洲窗图案的林锡威师傅每镂几厘米，就用尺子比对一次样板和实物的大小，他说道：“可以这样说，这里没有问题，才放到上面。假如这里错了，那就再做。每一个都要是很完美的。”

何世良老师的艺术情怀，工匠师傅们的艺术追求，形成了一股合力，明确了世良工艺美术工作室追求艺术更高境界的目标。正如高平师傅所说，“他（何世良）要求高一点，我们要求高一点，他要求再更高一点，这就是我们双方互相促进一起进步的样子”。

图 1-39 砖雕小件

图 1-40 木雕工具

· 钻研

世良工艺美术工作室里有许多工艺方面的书籍，这为工匠师傅们营造了良好的学习氛围。

“工作室里有大把的书可以去看，做什么不懂的时候或有什么需要参考的时候可以去看。有什么好的书，我们就直接买下来。因为到要用的时候，借的不方便，还是买的方便。明清家具那些原原本本的古籍买不到的，就买新版的。我们去看有什么好的，家具的、艺术的、画画的，都买下来。不会说舍不得买。肯定会看的，平时休息的时候看。”除了买书，何世良还会提供艺术展的门票，分享微信上的关于工艺的文章、资料给工匠师傅们学习。

师傅们也都有钻研工艺的习惯，平日里会找素描作品来学习，练习线条。在工作中遇到的困难，他们会非常重视，朝思暮想，茶饭不思，直到想出解决的办法。

陈桥秀师傅自述自己做荔枝砖雕修光的经历：“特别是起荔枝的皮，最难的就是这个。刚开始师傅叫我尝试下，我也先看一下行不行，因为我也没做过。买一些真的（荔枝）回来自己研究，师傅又指点一下。基本上每一幅我都有参加，我就做荔枝部分。荔枝的皮很小心地做，有点碰坏了自己想办法补救。这些透的地方是一块一块砖叠起来的，我们做的时候还是一块一块的砖的，做完以后就把它拼起来。砖雕有两层的，都是用刀很小心、很耐心慢慢地雕。”

因为喜欢光亮，所以一直从事木雕打磨的谢三哥（谢乐绪）非常重视自己的工具（图 1–40），“这个活儿老是干不出来，好像效果也没那么好。为什么搞不好呢？我就老是想，睡下来也想。想来想去，可能是这个工具不好吧，明天再来过，搞一工具，要搞好它”。

图 1-41 工作室师傅们相互协作

· 血缘

世良工艺美术工作室里的很多工匠之间有着血缘、姻亲、同乡关系，这营造了工作室独特的工作氛围。

他们对自己新来的弟弟妹妹或侄子侄女，都认真传授每一个步骤的具体操作经验。由叔叔介绍过来的谢乐镇说："接触这个行业多了，就得慢慢自己学习，不一定全部有人教你的。这里老乡多一点，他们都会比较耐心地跟我说一下。"得益于如此，工作室里有着浓厚的交流氛围，也更像是一个大家庭。丈夫在开料那边工作的修光师傅陈桥秀在空余时间会和丈夫交流工艺，她说道："有时候偶尔会看这方面的书，也会看别人家的作品。我们自己做了也会用手机拍下来，会翻来看看那个细节，然后互相交流。"

工作室的规模并不大，很多工匠都是经由亲戚介绍过来的。自己的表现就是亲人的脸面，因此新来者会更加认真、刻苦地学习工艺。我们问谢乐镇师傅工艺学习中的困难要怎么克服，他回答说："这个能怎么说，我是我叔叔的原因才进到这里来的。我也不想让他丢脸，硬着头皮也要上啦。"

人与人之间的联系使工匠师傅们聚成了一个大家庭，其间相互促进各自技艺的提升。

· 自豪

每一位师傅在看到自己作品的时候都有一种自豪感油然而生。

辛勤的劳动终于有了成果，展现在眼前的美丽的艺术品，激励着工匠们继续奋进。陈桥秀师傅会把自己做的作品拍下来，"自己做的会想一下那个效果，心里面会自豪一点"。"从一块砖头雕成一幅作品，我们做多久呀。是啊，是艺术。回过头看，哇，有点靓，成就感就是这样咯。"从事多地砖雕安装工作的熊灿林师傅说道。

访谈与整理人员：华南农业大学岭南民艺平台广府木雕砖雕研究课题组

图 1-42 垂直切割砂轮

第三节 工艺制作流程（砖雕、木雕）

广府工艺，根植于以广州为核心，以珠江三角洲为通行范围的广府文化。它糅合了移民文化、兼容文化、开放文化的特点，兼有对中原传统工艺的传承，并吸收西方文化之长，具有浓厚的地区特色，是中国民间工艺中的一朵奇葩。

图 1-43 广府砖雕

广府砖雕

广府砖雕，是岭南广府地区（以广州为中心分布于珠江三角洲以及周边地区）在砖（主要是青砖）上雕刻的工艺。砖有着介于石和木之间的质地，它比石头易于雕刻，比木头保存时间长，因此砖雕有着它自身的特征。制作砖雕的主要步骤有开料、打坯、修光、安装。广府砖雕的特点是精细，有著名手法“挂线”，将物象的线条雕刻得纤细如丝。

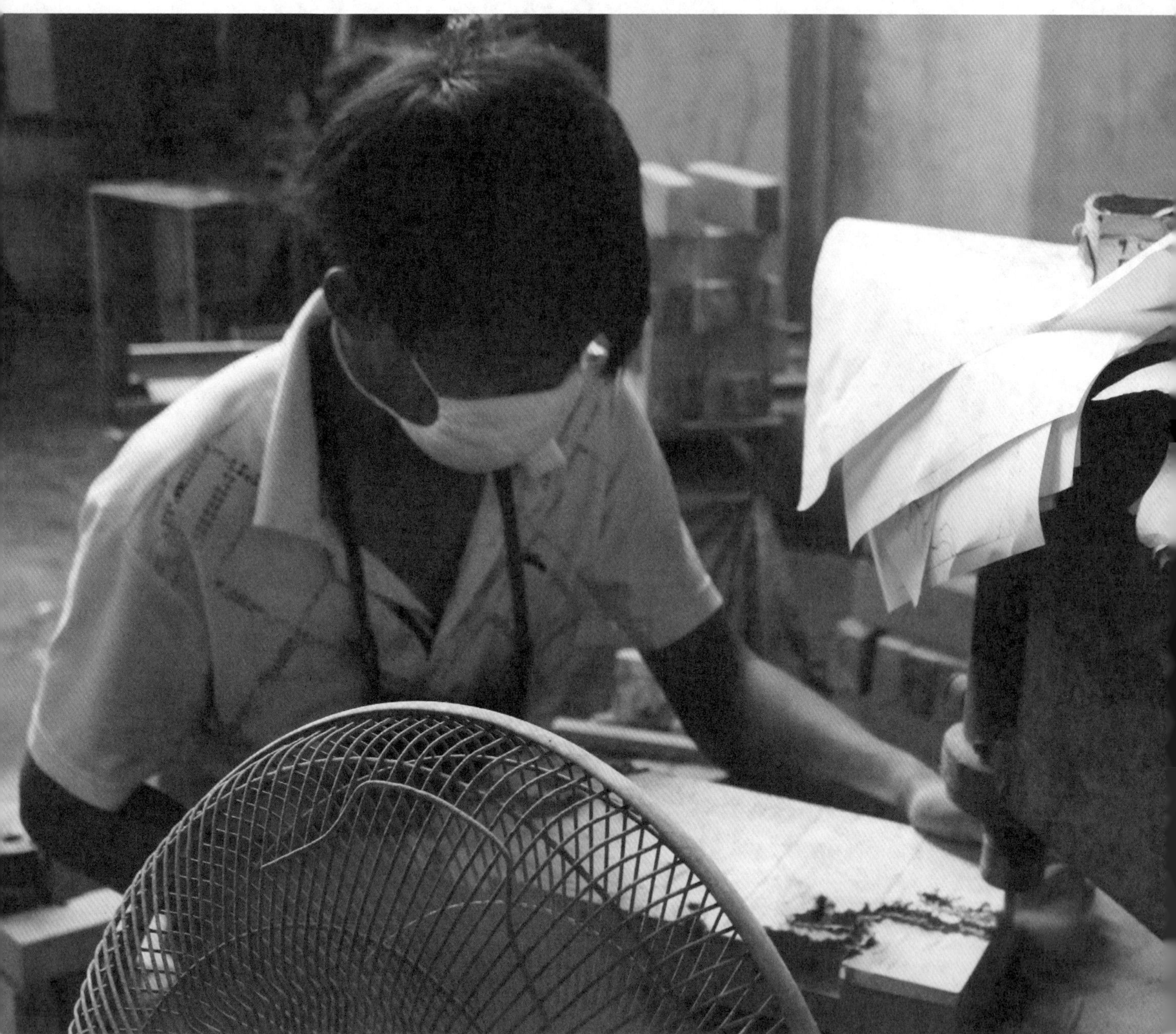

图 1-44 黎庆林师傅正在用钻机开料

一、开料

广府砖雕用的青砖常是建筑青砖。砖通常不平整，并且带有很多灰。首先要从收来的砖里面挑出适合做砖雕的砖。用手敲击，听声音判断里面有没有空洞和裂缝。然后打磨，用竖直方向和水平方向的砂轮切割机，分别切掉旧砖的六个面。去掉旧砖外壳的原因有两点，一是外壳有杂质堆积，二是在烧制的时候它和里面的硬度不一致。切完之后还要再次打磨，使砖的表面更加平整。有的作品比较大，就需要将多块砖拼起来。砖与砖之间用水泥粘起来，相接的地方还会开一个小槽。师傅说："开一个槽，然后灌水泥进去，它就没那么容易断。"这样做也是为了防止砖雕成品散开。

固定好青砖后，在上面粘上图纸，然后根据图纸用线锯拉出初步的轮廓。有一些组件只要顺着图纸的外部轮廓进行切割，就可成为柱状的模样。也有部分组件需要根据图纸上的内容，判断大概的高低，用线锯切出简单的起伏，在镂空的地方预先打上洞。因为线锯这种大机器本身精度不够，而且切割迅速，一旦切错后难以挽回，所以边缘会预留多一点的位置。但是预留太多也会给后续增加工作量，这个距离的把握就要看师傅的经验了。

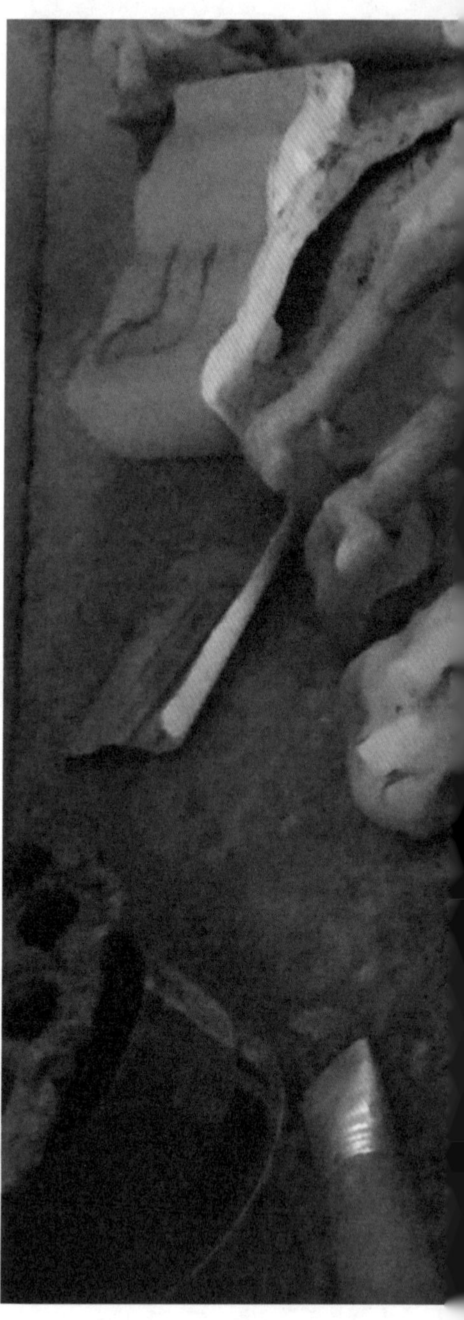

二、打坯

“一个砖开完料回来贴张图纸，像这样的一张图纸拉出来，就到了打坯了。”开料之后，砖从一楼送到二楼的阁楼里面进行下一步的打坯。经过开料，砖已经有了大概的形状，但都是方方正正，在这一步里，师傅会完成砖雕的基本造型。花就是完整的花，莲蓬也是完整的莲蓬，只是线条上还有待进一步的修饰细化。

打坯的工具有砂轮、电磨、錾子。师傅们先将图案画到青砖上或者在上面贴上图纸；接着根据平面的图纸来判断深浅，用砂轮、电磨磨出一个更加细致，可以看出高低起伏的造型；然后用锤子敲击錾子，用錾子将多余的青砖部分去掉，进一步地表现图案，但是不会要求很细致。师傅说：“打坯有的像这种角、边，有时候就会‘走’一下。基本上打得差不多了，就拿给他们那边修光了。”

图 1-45 打完坯 (左上) 和没有打完坯 (右下)

图 1-46 砖雕修光

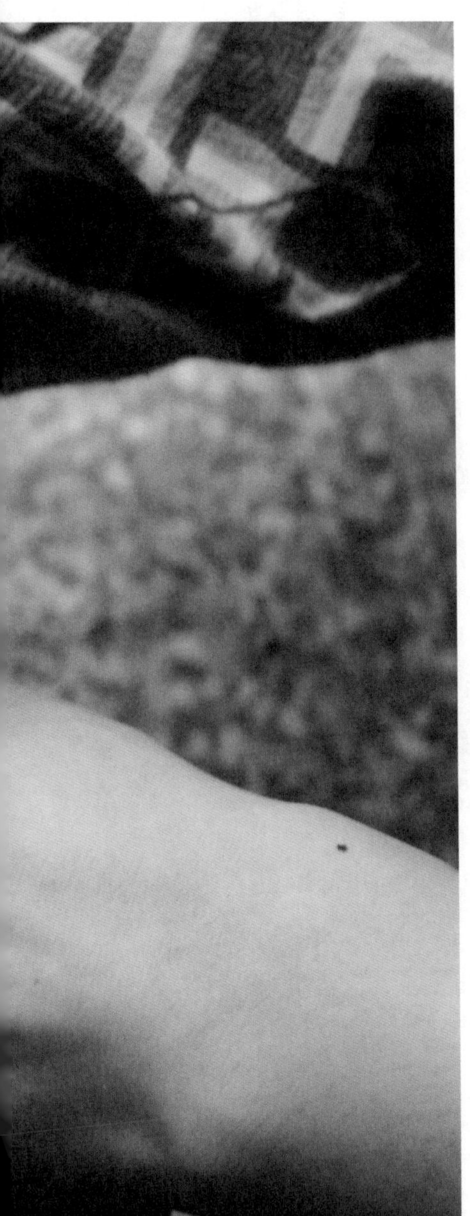

三、修光

修光是雕刻部分的最后一步，是将打坯后的砖雕进行细化，包括对砖雕图案进行进一步的修凿，使图案更加生动、精神。如花瓣边缘的处理、荔枝表面凹凸不平的体现以及细部的纹饰，人物的眉目、鸟的羽毛，还有一些镂空的处理。师傅们会根据不同的部位，使用不同的錾子。

这一步骤需要极大的耐心。有一位负责安装的师傅说："我学过，但是那个很要耐心。我没有那个耐心，会说不会做，看到人做出来可以，自己做有点困难。"有一位阿姨谈起修光，"（砖雕）碰坏了就没有用了，所以我们要很小心、很细心。现在（技术）已经成熟了，基本上就很少弄坏"。修光工作比细致，所使用的刀的刀口也比较小。"基本上是中等的这些和那个小的用得多，大的就少一点。"最后还需要用砂纸打磨，使砖雕更加圆润，但是主要还是使用錾子来完成。

一件砖雕需要很多小块的砖拼接完成，一幅大的砖雕则需要几位师傅合作完成。这样一来，砖与砖之间接口的无缝拼接就显得尤为重要。师傅们会互相沟通，一位师傅完成后，负责相邻部位的师傅就会拿他的砖雕作为参考来完成接口的位置，这样对照着完成雕刻。或者接口的地方大家都先放着，等所有人完成后拼到一起时再完成接口的雕刻。拼接好的砖雕浑然一体，叶子和叶子、荔枝和荔枝仿佛从未分离，这是师傅间默契配合的成果。

四、安装

砖雕在安装之前，先将各个组件连接的位置用刀刻出数道沟槽，以此来增加砖雕之间的摩擦力，使其粘接得更加牢固；然后用水泥或者桐油灰将各个组件细心地黏合起来；安装的时候需要先在墙面上确定砖雕要粘的位置，再用水将墙润湿，把水泥粘到墙面预留的位置上。

访谈与整理人员：华南农业大学岭南民艺平台广府木雕砖雕研究课题组

图 1-47 粤剧艺术博物馆砖雕《六国大封相》局部

图 1-48 广府木雕

广府木雕

广府木雕，向上可追溯到青铜时代早期，成熟于隋唐，是岭南广府地区历史悠久的民间工艺。常见题材有吉祥语图案、民间传说与神仙故事、岭南瓜果、西洋图案等。木雕使用酸枝木、花梨木等名贵红木，风格粗壮豪放，端庄大方。主要工序有开料、打坯、修光、打磨、上漆等。

图 1-49 绘制设计图

一、设计图纸

首先根据不同的雕刻方式和题材类型进行布局和层次设计。

何世良老师自学了多年国画，在创作木雕的时候也会加入很多国画的元素。除了创作木雕工艺品，他还会承接祠堂的修缮工作。祠堂因为历史原因，往往不会有完备图样供参考，修缮前还是要自己设计。他说："譬如说这个庙它整个都烂掉了，你就要重新去做，重新去画。"

先绘制设计图（图1-49），再通过电脑扫描和处理，然后打印出最终图纸。何世良老师的徒弟高平师傅说："以前没有电脑打印图纸的时候，我们就用复写纸画，一下子放几层就'复印'了几张，比较慢。"现在工作室有了新设备，要比以前方便快捷，但是仍然保留着崇尚手工的传统。

二、选料

木雕的选料多以名贵红木为主，如紫檀木、花梨木、酸枝木，此外还使用柚木、樟木等。红木边材（又称白皮）的颜色、密度以及质量都不如心材，故在制作红木家具时一般都会把边材舍去，使用心材制作。

不同木材有不同的颜色、密度等特性，还因为名贵程度的不同有价位差别。高平师傅说：“这些名贵的红木多是从国外进口，遇到过很多以次充好的情况（比如用血檀冒充小叶紫檀），但是从没被诓过。”这需要匠人们多年的经验和独到的眼光。

图 1-50 边材：外圈浅色部分

三、开料

首先大锯开料，大的木料会在外面找有大锯的工厂加工，锯成板材，再运回工作室里出模。出模，即用模子打出模型。主要使用小锯进行加工，测量长度、宽度、深度、角度和弯曲度后用机器刨出基本形状。

四、打坯：手工

打坯，又称打花。先将草图画稿粘贴或复印在板面上，雕凿出作品的大致轮廓和结构，再逐渐深入地凿。

何老师说，在 1993 年的时候福建就已经有了打坯机，“打完坯以后放大也行，缩小也可以。雕刻的时候可以雕大的，也可以雕小的。早期的打坯机就像配钥匙一样的，把鹰放在样板的位置上，它就会自动跟着这样做”。当年，何老师就用机器打坯的方法在一年里制作出了 18 个 2 米多高的观音像。他赞叹机器的省时省力，但还是更倾向于手工制作，特别自豪工作室拥有出色的手工匠人。

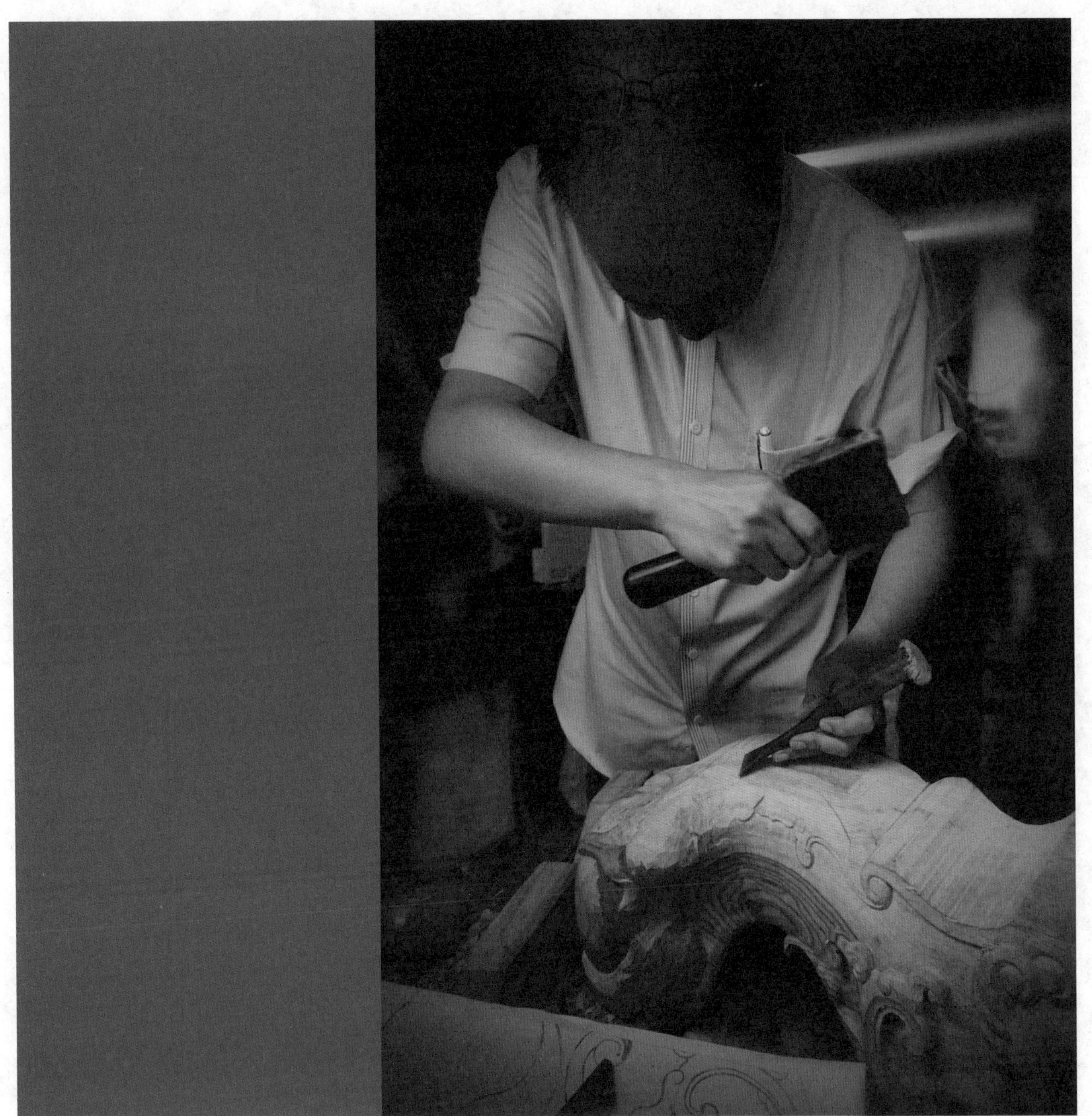

图 1-51 何世良在进行打坯

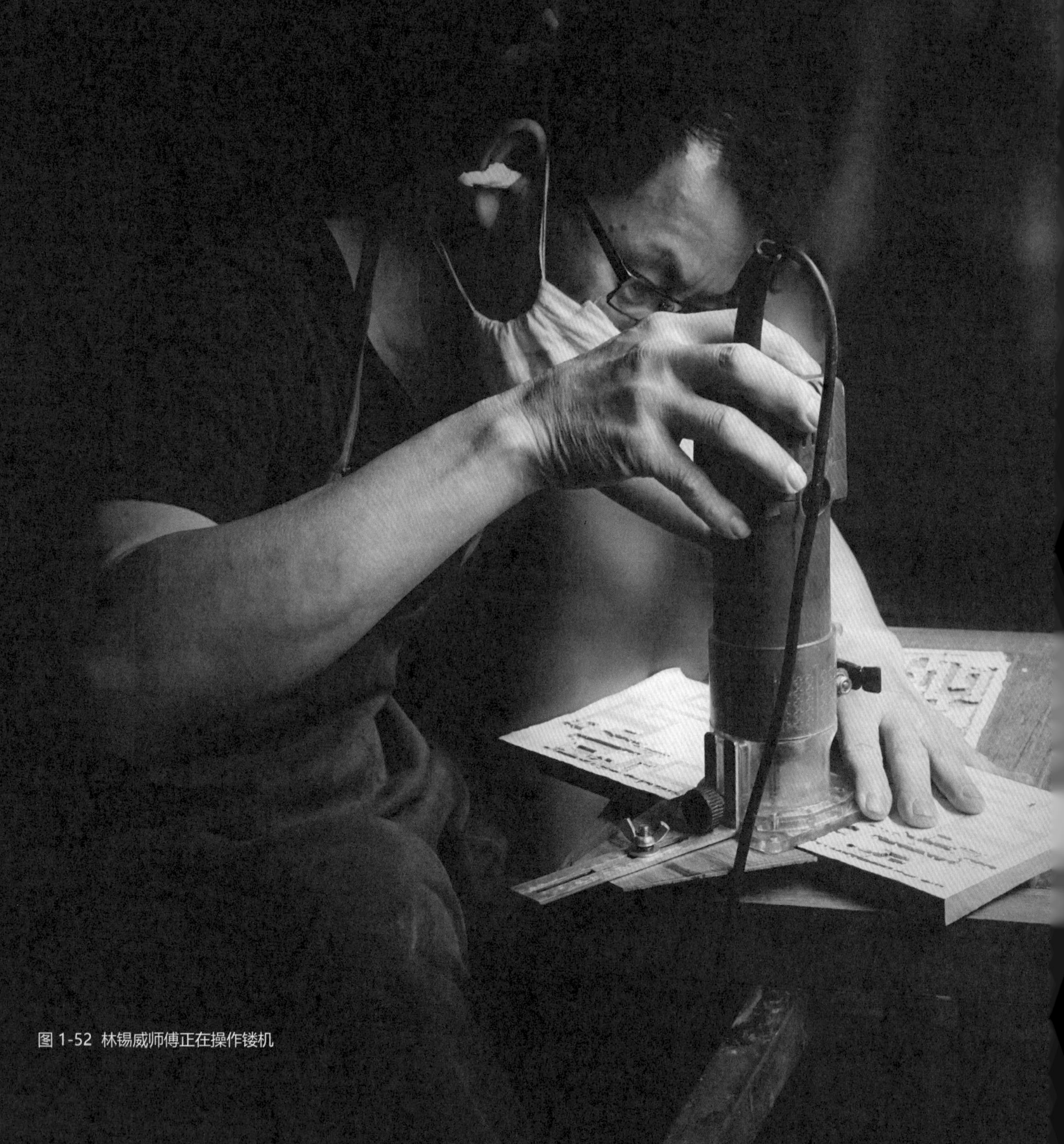

图 1-52 林锡威师傅正在操作镂机

五、打坯：镂刻

现在的机器打坯，多用于家具的制作。家具中的榫卯结构经过机器加工获得更高的精度，会拼合得更加紧密、牢靠。

镂机的使用需要手工的参与。线条的长短、线条之间的距离大小都要经过手工测量，镂刻的路线也需要人手来把控。镂刻出粗坯后，还要对线条进行人工修整。正在作业的林锡威师傅认为，有了手工的参与，线条会生动很多。“每一条都是设置好的，每一条都要量过的。这条和这条对，每隔 5 厘米差不多就要重新收拾。镂刻有很多的工序，有一些用电脑就很死板的，全部一致，没有这个生动。”

机器比不上手工的生动自然，是这里每一位工匠师傅所坚信的。这是世良工艺美术工作室整体的共识，更是工匠们个人艺术追求的体现。

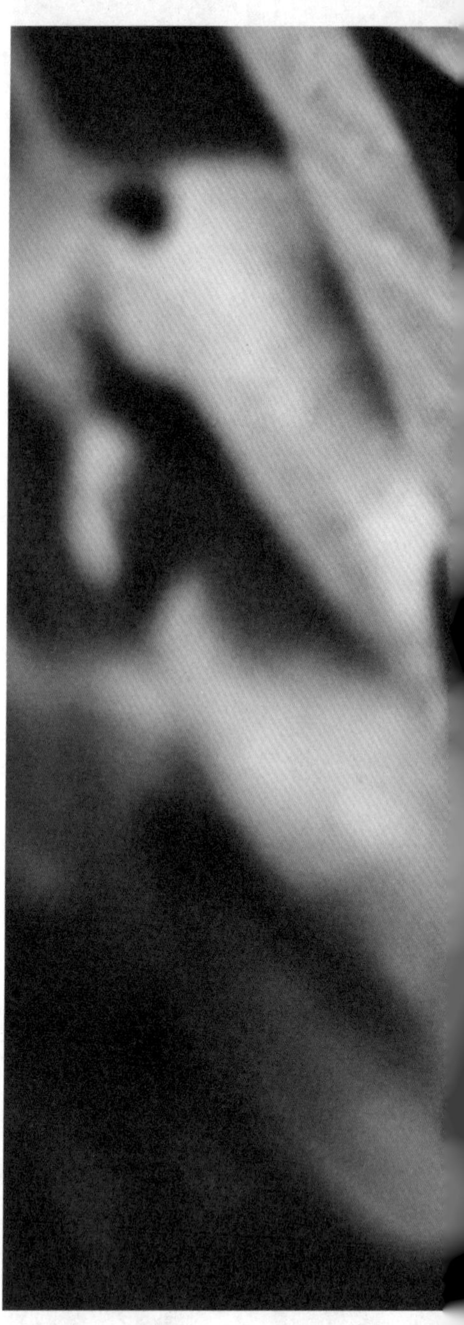

六、打坯：拉花

拉花机和镂机，多使用于板状木雕的打坯。将图纸贴在木板上，通过拉花机将多出来的木料切掉，再进行人工打坯，使一块木板产生高低起伏的纹理。

工作室里有自制的工具用来镂刻木件边缘。例如定型刀是从市场买回的直刀，再根据工作室里对不同形状的需求打磨出不同形状。“以前没有机器，全部手凿，用时很久。现在有这个（定型刀）就快很多了。这个（不同形状的雕刻刀）是厂里面自己做出来的，没有卖的。”林锡威师傅告诉我们，这种方便快捷的工具是师傅们“一面做，一面想，做着做着，就做出来了”。这些工具的制作亦是工匠师傅们根植于实践的劳动创造成果。

图 1-53 完成拉花的木雕

图 1-54 谢观英师傅在进行修光

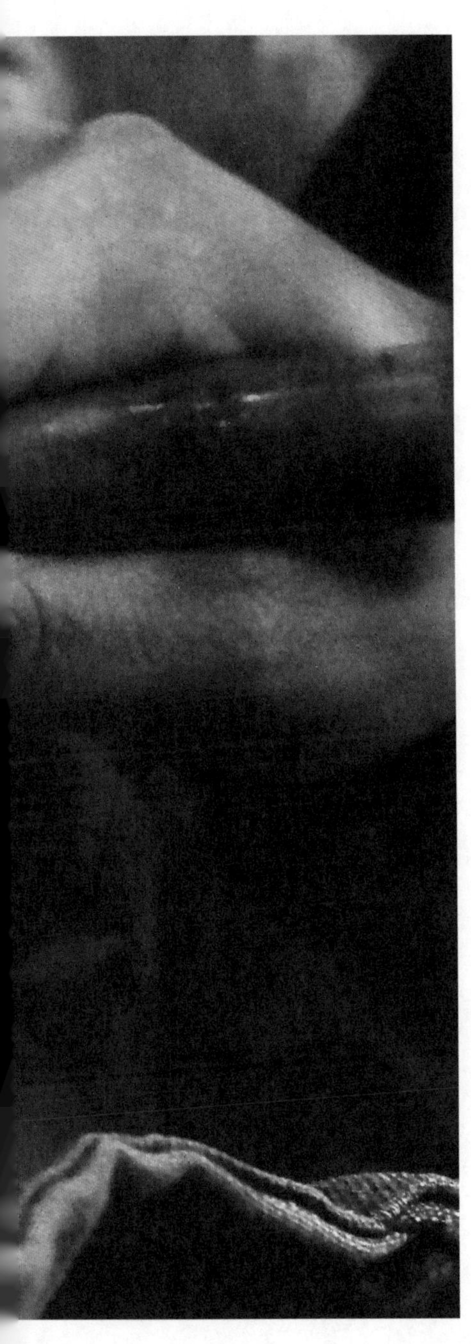

七、修光

修光又称光花、磨亮、打亮，是对做好的粗坯进一步进行修整、雕刻的过程。工作室内大厅的男师傅打坯完成后，交给里面工作间的女师傅进行光花，把粗坯雕刻得更加细致。

在这两个工序中都要使用雕刻刀和斧头，但光花与打坯使用的斧头有区别，前者使用的比较轻。

进行修光的师傅们每人都有自己的一套刀具。这些雕刀大小不一，主要分平刀和圆刀两种。木雕中的各个弧位都有相对应的雕刀。所使用的雕法、手法技巧有一定的范式，但也有工匠师傅们自由发挥的余地。陈桥秀师傅介绍说："光花那个手、铲和推，也是一种刀法。有正手和反手，可以自己发挥。"此外，各种修光工具的使用也极为灵活，"斧头也会用在修边的时候；平刀基本上走直线的多；木雕的话那锤子特别多，用手灵活一点，錾这个边一定要用锤子的，比较凌厉一点"。修出来的木屑，会用气枪清除。

八、组装

工作室大厅的后部空间是组装区，有三位师傅在此相互协作。满洲窗（图 1- 55）、桌、椅等家具，最终在他们的手中组装成型。

组装满洲窗时，首先将木头框架内部的榫卯结构拼接起来，再在两个岔开的榫头中间点，用胶水加固。组装的时候要用“杖”来固定组件的位置，要测量对角使木框架成为一个标准的几何形。

“组装这个，难是不难的。主要是（因为）机器已经做好了，这是第一个方面。第二个方面是，组装的人是熟手。”与此同时，师傅认为组装时重要的是要把板放平，“如果没有受力面的话，整块板放不平，玻璃就容易碎”。在用胶粘住榫头后，还要用磨机把突出的榫头磨平，磨平后几乎看不出接榫的痕迹。

图 1-55 满洲窗的榫卯构件

图 1-56 谢乐绪师傅在进行刮磨

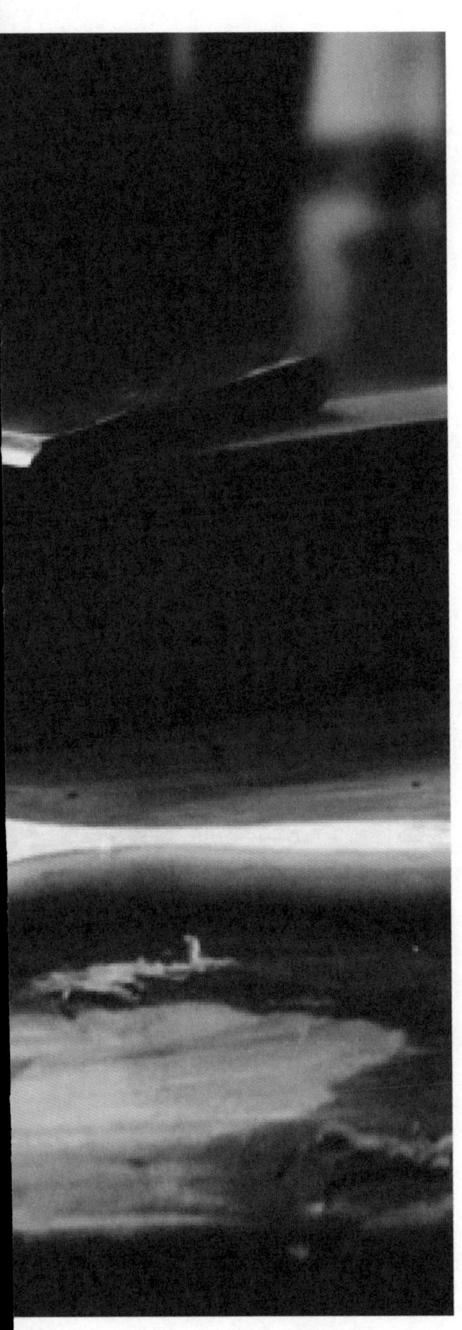

九、打磨

打磨，首先用钢质的刮刀进行刮磨。先放水在木作上，通过水的汇聚来判断低处，然后使用刮刀刮磨，将其磨平。刮磨用的刮刀也有大有小，但与雕花时所使用的雕刀材质不同，刀也会钝一些。高平师傅说：“以前我们没有钢片的时候就用陶瓷碗，陶瓷碗破掉后有个很锋利的边，就用那个来刮。”

配合刮刀刮磨的工具还有“梆”，它被用来磨圆木雕中的线条。使用刮刀和“梆”等工具进行初步的打磨之后，还要根据作品的木质和纤维纹理用砂纸来进行进一步的打磨，即打砂。

打砂时要使用多种砂纸。先打 180 号，再用 240 号、400 号、600 号的砂纸，砂纸型号越大，细度越小，打磨出来的效果也越光滑。在打砂的时候要顺着木纹打，还要注意保留木雕原来的弧度和尖角，不能将它简单地磨平。打磨之后再抛光，然后就可以打蜡了。

一般来说，打磨的对象越小，难度越高。但是打磨大件的木作也往往会花费很长的时间，例如一张卧榻，需要花费一位师傅一个月的时间来打磨。

十、上漆

上漆，是整个木雕或木作制作过程的最后一道工序。

有些木材，比如柚木，在上漆前还要上层腻子灰。上腻子灰时，用牛角片来将腻子灰压实在木眼里，起到补木眼的作用。

上漆要上多层。上一层漆之后一般要等一两天晾干、打磨，再上一层漆、再打磨。用砂纸打磨时，根据木材和用途选择砂纸的型号。“一般做建筑最细 240 号可以了，家具要用到 1000 号。我们这里（工作室）正常用到 600 号。名贵的木材用到 1000 号到 2000 号，比如红酸枝之类。”这些砂纸都从国外进口，价格贵而且用起来损耗很快。家具在上漆之后会打蜡，建筑则会使用桐油来防止开裂。

访谈与整理人员：华南农业大学岭南民艺平台广府木雕砖雕研究课题组

图 1-57 上漆后的打磨

砖雕工具

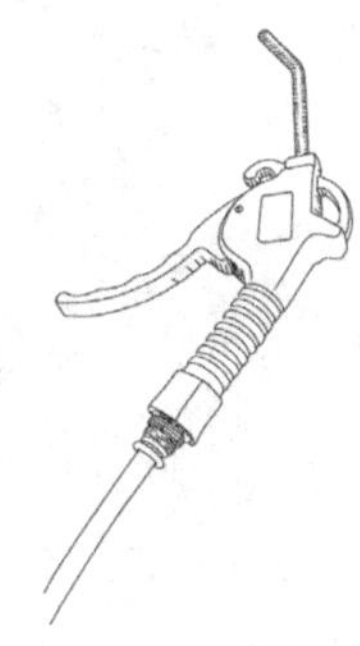

气喷：能喷出气体，清除砖/木雕的碎屑。

錾子：通过凿、刻、旋、削进行材料加工的工具。一端有金属刀刃，另一端为木柄。刀头有各种大小和宽度用以雕刻不同的位置，可以通过敲手辅助。

磨头：有各种大小和外形，应用于电磨机，在砖雕中应用在开料、修光的工序中。

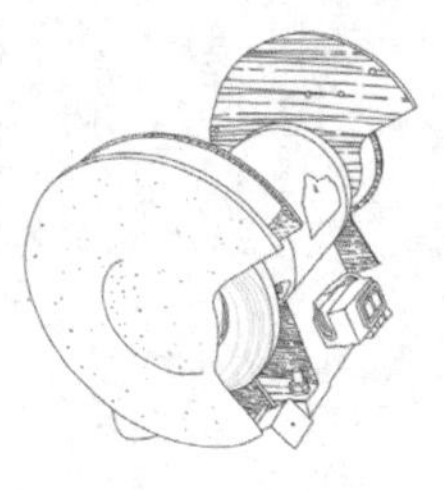

砂轮：砂轮是磨具中的一种，使用时高速旋转，可对砖雕表面进行粗磨、开槽、切断等。

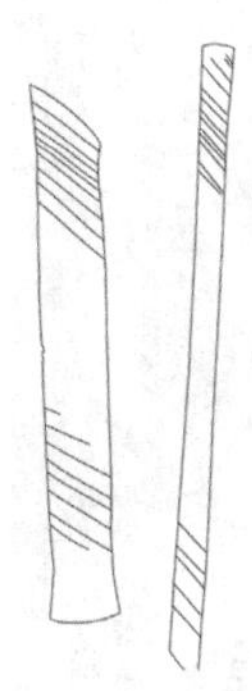

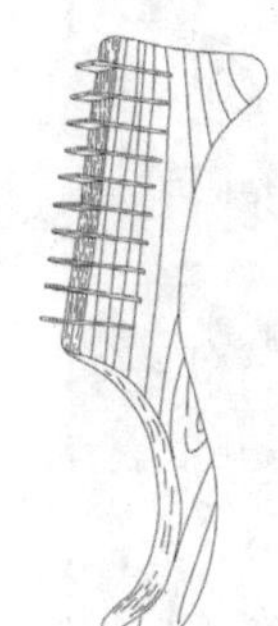

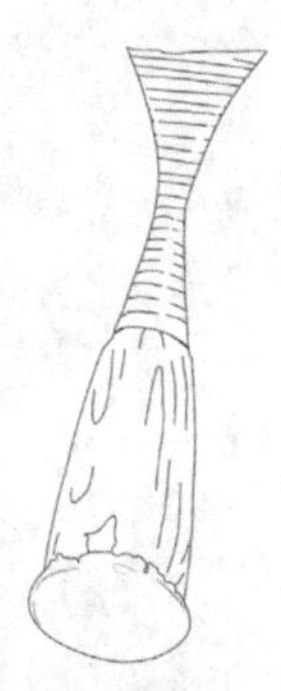

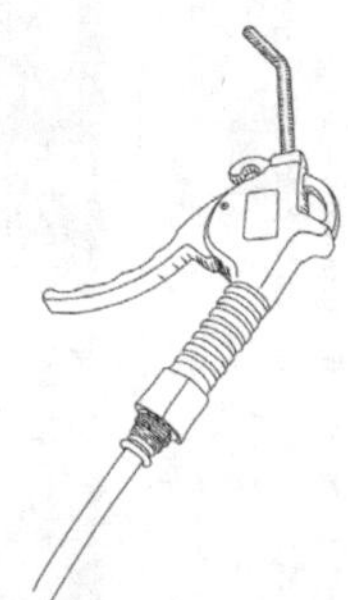

木雕工具

气喷： 能喷出气体，清除砖/木雕的碎屑。

雕刀： 有圆刀、平刀等，用来雕花，其中圆刀的刀口有弧度。可以根据木件的大小来选择使用不同尺寸的雕刀。

梆： 用来磨线的工具，可以把线条刮圆滑。

刮刀： 刮磨工具，钢材质。放水找出木雕不平的区域，使用刮刀刮平。以前没有钢片的时候用摔破的陶瓷碎片来刮。

图 1-58 砖雕操作间外一角

语录

高平——他要求高一点，我们要求高一点，他要求再更高一点，这就是我们双方互相促进一起进步的样子。

谢东财——其实也不是要求做得多么的好看，而是神韵要做出来。

谢乐绪——我喜欢这个工具，要好，要光亮，看起来心也很舒服的嘛。

陈桥秀——因为它有些改变，没有做这一样就一样，千变万化的，不是「死死」的。

林锡威——都不会太辛苦，都是做到最完美的感觉。

刘兴元——我不会的他可能会，就问他，他不会的又有更厉害的人。所以我们就是一个团体嘛，就像这个（满洲窗），这个接这个，接在一起，是不是啊。

熊灿林——我们工作都习以为常啦，日日见着从一块砖头雕成一幅砖雕作品，是艺术，好漂亮的，需要你真正去看。

图 2-1 石湾陶狮

第二章 何湛泉

石湾陶传统技艺大师

「每个时代都有每个时代的特色，但要记住，万变不离其宗，这就是文化的核心。」

何湛泉老师一家人，对于石湾陶工艺以及对于传统的木柴龙窑的传承和创新，都有着很强烈的责任感与使命感。他们非常清楚自己所担负的重任，对传统工艺的未来有着自己的构想，今后也会有更多的发声，以拓展石湾陶传统工艺发展的新方向。

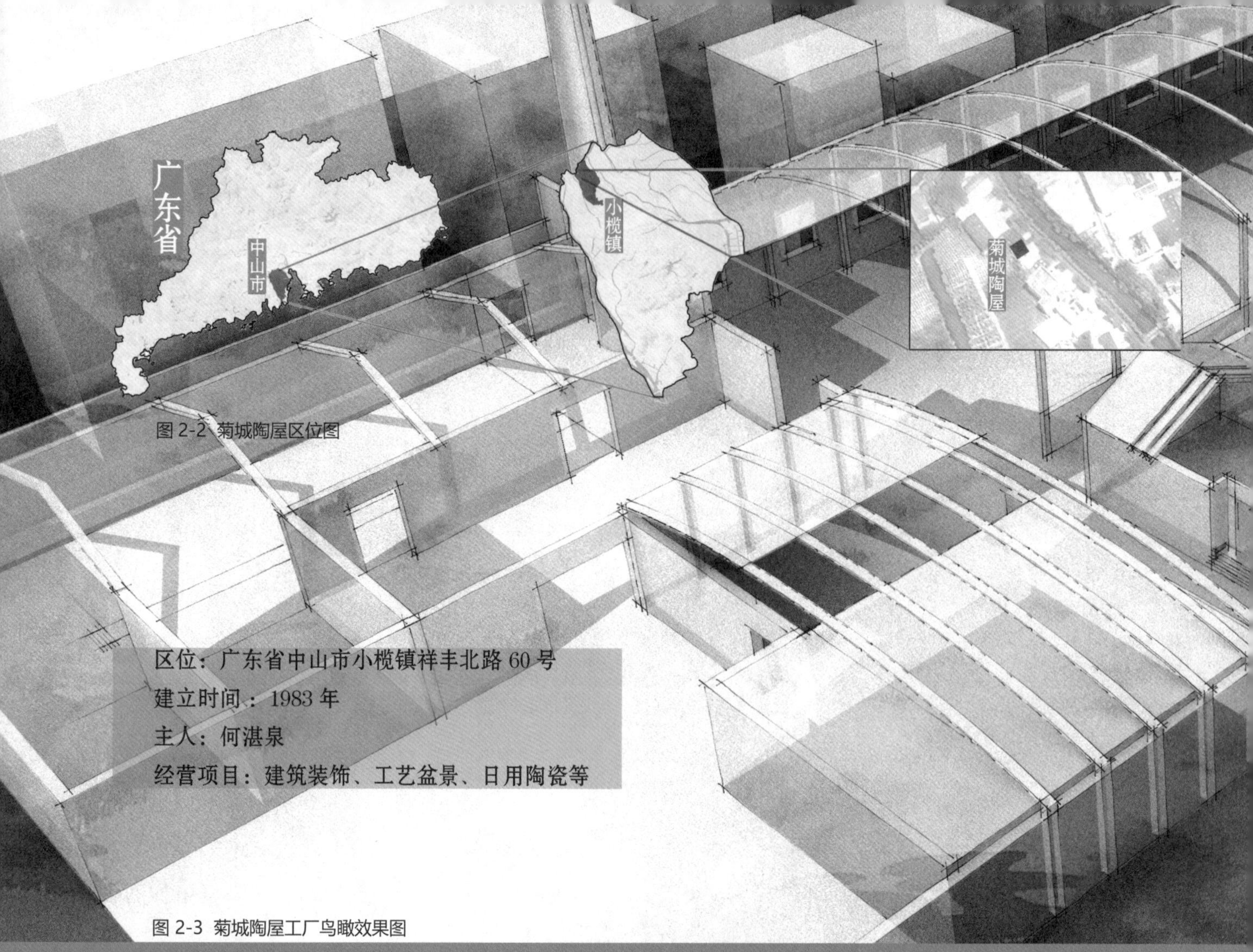

图 2-2 菊城陶屋区位图

图 2-3 菊城陶屋工厂鸟瞰效果图

小榄镇菊城陶屋迄今已有 30 多年的历史。一直以来，陶屋坚持使用最传统的方法手工制作陶艺；坚持沿用古代木柴龙窑、植物釉，以 1 250 摄氏度高温烧制为宗旨。在 30 多年的生产过程中，菊城陶屋的设计风格和理念，是以中国传统文化元素为基础的，并不断创新，但在泥、釉、火三大元素方面都依从石湾的古法工艺。其中，陶屋以古建筑装饰、屋脊享誉粤港澳，以庭院的花盆花几、窗饰、鱼缸、莲缸、工艺品为特色产品。菊城陶屋近 30 多年来为广东许多省一级文物如陈家祠、城隍庙、黄埔军校等完成了瓦脊修复。

第一节 何湛泉及家人口述

龙窑制器最具价值之处就在于它是技、艺的结晶，包括泥、釉、火，人窑合一、天时地利的微妙变化，龙窑制作的掌控难度大、收成低，每件产品都是天赐。而窑变，则使龙窑精品更是独一无二。与一般的厂家所使用的现代气窑烧制出的陶器相比，龙窑烧制的产品更具复古韵味，古拙耐看。通过一些时日氧化，便有了二次生命，日久不衰，这些柴火味、古拙味，气窑是完全没有的。这就是龙窑制器的价值所在。

何湛泉

——我不管你学了二十、三十年，终生学了什么，能够贡献什么东西，能记得起你的是你的作品。这些东西是你人生最骄傲的东西，人生到了最后就全部是故事。故事就是最动人的，所以我啥都不多就是故事最多。

图 2-4 何湛泉老师正在讲解石湾陶工艺

图 2-5 何湛泉

何湛泉

出生年月：1963 年 5 月

籍贯：广东省中山市小榄镇

技艺：陶艺

师承：由父亲启蒙，从小酷爱陶艺，17 岁拜民间老艺人劳植为师学艺，后期深得陶艺大师刘传的厚爱和悉心指导，得到良师谢志峰的引导，对历代石湾陶器古玩进行系列收藏并研究。

荣誉：

- 国际石湾陶艺会理事
- 首届“广东省传统建筑名匠”
- 广东省中国文物鉴藏家协会专家委员会常务理事
- 中山市古陶瓷研究会副会长
- 中山市小榄镇收藏协会会长
- 2000 年在广州陈家祠举办“何湛泉陶艺作品展”
- 2004 年在广州荔湾博物馆举办个人陶艺作品展
- 2013 年 7 月在广州陈家祠再次举办个人展“坚守与传承——何湛泉的多元故事”

图 2-6 何湛泉参与的主要项目

一、启蒙——父亲是我第一位老师

· 爸爸没有说谎

何湛泉老师从小就喜爱石湾陶，这和他的家庭氛围以及他的父亲是分不开的。何父喜爱养花、摆弄盆景，在何湛泉老师小学一二年级的时候，砌了一座盆景假山，假山上面摆了两个石湾公仔。这两个公仔吸引住了那时的何老师，这也是何老师关于石湾陶的第一次发问。

“我觉得就是因为这两个小公仔，我觉得可爱，然后问爸爸这个是用什么东西做的。爸爸跟我说是用泥巴做的，我第一个印象就是爸爸说谎，这么好的工艺没可能是用泥巴做的。所以我到附近问其他长辈，每个长辈都跟我说这个是用泥巴做的，我就验证了爸爸没有说谎。”

于是何湛泉老师开始亲自动手来一探究竟。

· 第一个作品

“我刚做的第一个作品，就是仿一个木棉的树干。做好以后我自己蛮欣赏的，因为当时眼睛没有看过很多东西，正在慢慢一步步学。自己做好这个东西，挂在墙上。我觉得自我欣赏很好，我的水平就是这样，非常好。然后我在墙上用锤子打一个钉，把这个挂上去。挂上去我觉得蛮好看，但差了一点东西，就是没有植物。

“于是我就去花街买了棵罗汉松，很小的罗汉松。这样我就把它放在这个挂盆，种好了。一挂上去，好看！还做什么呢？给罗汉松浇水。一淋水，全部烂了。我说这么奇怪，为什么会烂？我去问爸爸，爸爸马上就说了一句：‘你是天下最大的傻瓜。这个是泥巴还没有烧，烧完才变干碗。泥巴没有烧你就种东西去浇水了，这个泥巴一进水就散了。’

“这个就是我对陶认识的第一步，哈哈。”

· 第一座窑

“我最开始没钱，没可能建一条龙窑，更没可能建一条大窑。第一钱的问题，第二技术的问题。于是我不睡觉，一直想，一直想，怎样才能把这个泥巴变成干碗，能挂起来。然后就自己设计了一条窑，我当时投入了 36 块 5 毛钱买了一个缸，然后在卖火柴的地方捡了一点被遗弃的耐火砖砌在这个缸的外面，中间做一个胆，放一点焦煤上去。

“我做了一个风箱，拉风箱。这个风箱有一个木柄，用一根鸡毛串起来就变成拉风箱了。1982 年，我设计了这个‘龙窑’，然后就自己来拉风箱扇。我研究了大概不到 1 年就把它（泥巴）烧成了干碗。”

图 2-7 菊城陶屋的石湾陶

二、学艺——保留人生的轨迹

何湛泉老师把自己学习与创作石湾陶的过程看作是自己的一个人生轨迹。他很强调人生轨迹的完整性，重视保留这些珍贵的回忆，这也是为什么他今天能有如此多的故事与我们分享。而这个被保留下来的风箱，正是学艺故事的开始。“我这种概念最好，其实当时的垃圾现在用黄金都换不到，这个风箱值多少钱？！但这都是我人生的轨迹，人生的故事从这个开始。”

· 基于兴趣——拜师学艺

何湛泉老师的第一份工作是木工，因为何老师当时家里穷得连张椅子都没有。然而，何老师在学习木工时却是“三心二意”。

“星期六我们排队买柴，要用柴证买。我就挑最大的，挑到柴回来就去锯，锯了之后就回来做凳子，希望去学做木工回来后可以做些凳子拿回家坐，有个手艺。但是我并不喜欢，我学做木工的时候也找一些泥做一下东西，喜欢那些（泥做的）东西。学了几个月凳子都不会做，家里个个都说我蠢。这个事情告诉你，小孩子一定要跟着兴趣走。任何事情假如你的心不放进去，就什么都做不成；你的心要放进去，你的人全程投入，然后才能做好你自己的事情。

“我因为对石湾公仔的兴趣就慢慢开始喜欢这些东西。我爸爸看到我喜欢这些东西，然后就用了很多的方法，帮我去佛山找师傅、拜师。”

·因为我可爱

何湛泉老师的第一位师傅是民间艺人劳植师傅。劳植师傅对何老师关爱有加，曾亲自来到小榄镇帮助何老师创立菊城陶屋，一直扶持他直至走上正轨。何老师称自己之所以能够做劳植师傅的徒弟，是因为自己可爱。

“不是我这个样子可爱，是我的思维、我的学习能力，和我这种自觉的精神可爱 。他爱惜我。说起他（劳植）的家庭，他自己生了多少个小孩，你知道吗？八个。他最痛苦的是什么？他八个小孩没有一个传承他这个工艺，他很辛苦。他一生带了几十个徒弟，也没有一个能够坚持到底，只有我能够坚持下去。他碰到我，你说我可爱吗？

“所以我师傅（劳植）跟我是两重关系的。第一，我们是师傅跟徒弟的关系；第二就是他是我的干爹，所以20多年前他在家庭开了一个小会议，就说认我是干儿子，所有人反对。反对的原因有两个：第一，我是他的徒弟；第二，他有八个小孩，还认干儿子做什么？他说：‘不行，我一定要。’所以这个师傅对我奉献也很大。”

·心意相通

何湛泉老师按石湾的泥、釉、火的传统技法烧制陶器，此举深得陶艺大师刘传（图 2-8）的认同。刘传大师经常来小榄镇做指导，何老师的技艺也得以不断精进。“老人家对我也真的非常好，为什么？因为我跟他沟通时，我是30来岁，他已经80多岁了。但是他说：‘我很喜欢跟你聊天，喜欢跟你聊天的原因就是我说一你知道二，我说二你知道三。’”

图 2-8 何湛泉老师与工艺大师刘传合影（左三为刘传大师，左四为何湛泉老师）

三、灵感创作——梦想成真

关于陶艺的创作，何湛泉老师讲述了一个他梦想成真的故事。

“那段时间我觉得压力很大，想放松一下，就跟我太太去了九寨沟旅游。在九寨沟旅游的时候我发现了五色海，当我目睹五色海的那一刻，我是停止呼吸的。一个字，美。我定住那只脚不可以移动，动不了，太漂亮了，太吸引人了。”

看完美景之后，何老师立刻就开始构思创作的画面。“我在想，假如我们的矿物植物金属，用龙窑火烧 一块九寨沟五色海水底效果的颜色，会有多美呢？好像慢慢开始做梦了，我就跟自己说，我回来要挤出时间，我就要弄一张九寨沟的五色海。”命运就是如此的巧，何老师一回到小榄就接到一个新的项目， 恰好就是客户委托何老师做一幅五色海的版画。

“我不知道用什么字眼去形容这件事，你明白吗？我是刚刚去九寨沟看完五色海，而那晚回去途中说着我要做五色海，第二天 10 点钟打开那份稿就看到这个东西。我用了 7 个月时间，用尽我浑身解数，用尽我的思维，我完成了那幅九寨沟的五色海，10 米长 3 米高，在江门的月珑湾。”

四、儿女——我的得意之作

何湛泉老师说起自己的孩子总是非常的高兴，他认为孩子是他真正做得最好的“小公仔”。何老师在孩子小的时候就很注重培养他们对石湾陶的兴趣， “星期六、星期天有空就叫他们过来。我印象最深的是他们读小学的时候，有一次放假，我让他们全部过来玩泥巴。我的大女儿，说给你听都不相信。现在小朋友读小学，妈妈一到点不扯他几下，都不起床。但我女儿每天早上 6 点半就很用力地拍打我们的门，叫我们起床。我印象最深的是我叫他们过来玩泥巴，我大女儿做了什么？她做了一个钟，这个钟就是‘6 点半’”。

“我们家庭氛围非常好，从他们的妈妈十月怀胎到现在，都是在艺术氛围里长大。我们每次旅游去到一个地方，不是去图书馆就是去博物馆，不是去博物馆就是去文化市场，出去拜访时，我们都是去跟文化人交流。”

在何老师潜移默化的影响之下，他的子女都从事着和石湾陶有关的事情。“你知道小朋友出来是一张白纸，什么都没有的，就是潜移默化地影响他们，使他们有这种兴趣。他们现在也是很爱这一方面，我的大女儿在中山开了一个陶器文创店，她也做得蛮成功的。二女儿现在一家上市公司做品牌策划。我让她去待一两年，去学学大公司的管理经营理念 ，有可能明年她就出来做她自己的事。我给她一个新概念，做与陶有关的，尤其是适合他们年轻人的。”同时，何老师的儿子在澳大利亚学习雕塑艺术，2016 年已经读完本科回国，在工厂里帮忙，平时经常与其他工艺师傅交流。

黎艳嫦（何湛泉夫人）

——那时在工厂煮饭，晚上都要开夜班的。女儿没出生的时候，我晚上十二点、一点多钟都要起来煮宵夜给他吃，因为他当时二十几岁，精力旺盛容易肚子饿，做到这么晚好辛苦的。

籍贯：广东省中山市小榄镇

个人经历：1981 年认识何湛泉老师，6 年后结婚。以打理菊城陶屋、照顾家庭为主，平时爱好打理屋子、摆弄摆件。

图 2-9 何湛泉的夫人

一、白手兴家——由不理解到支持

讲起刚刚开始创业，何太太最多提起的就是赚不到钱。因为那时行业与工厂的经济情况都非常不好，这个情况直到 2010 年左右才开始有改善，才有很多人开始欣赏陶艺。

何太太也劝过何老师做其他的行业，但何老师却坚持要把这个“赚不到钱的买卖”给做下去。

“我当时都叫他转行的，我说这样一年都赚不到几万块有什么用？他说有饭吃就行啦，这是他的爱好，真是一直坚持，坚持到现在出人头地。现在是好收入（的行业），个个都会去做，开满地的。有很少钱赚的（行业），也都有人会做。而是我们独家，几十年都独家，为什么呢？赚不到钱，所以才独家。”

虽然并不理解自己丈夫的执着，但何太太始终在何老师的左右，一直在帮助着他。“那时在工厂煮饭，晚上都要开夜班的，女儿没出生的时候，我晚上十二点、一点多钟都要起来煮宵夜给他吃，因为他当时二十几岁，精力旺盛容易肚子饿，做到这么晚好辛苦的。”

随着事业的稳定发展以及何老师得到越来越多社会各界的认同，何太太已经由不理解转变成认同与支持。“我几十年都有慢慢被他感动，确实收藏文化这样东西是好的，玩文化的人情趣啊各方面都好。”

二、子女更重要

何太太与何老师都很重视子女的教育，付出了很大的代价。“我大女儿要求很高的，读六年级时要去广外读，她说农村的教育水平不如广州大城市的高。当时我们压力大得不得了，女儿的要求我们达不到怎么办啊。当时我们夫妻俩整晚都睡不着觉。我们卖了那些收藏品来供她去读书。”

三、日常事务

何太太的日常也并不清闲，既要处理家庭的琐碎事务，又要打理工厂的事。“要照顾家庭咯，即使家庭请了个阿姨，但是你还有好多事情要做的。做工艺的事情就好少，很久以前帮他做过，那都是二十多年前咯，大女儿未出世的时候，我就帮他摁一些小的装饰品。”

图 2-10 石湾陶工艺陶盆

何晓君（何湛泉之女）

——大学选了一个不喜欢的专业（电子商务），虽然我用四年证明我不喜欢它，但这让我更加了解自己。原动力很重要，手作坊是自己想做，爸爸没有去参与。喜欢就要去做。

籍贯：广东省中山市小榄镇

何湛泉的大女儿，创办陶器文创店。

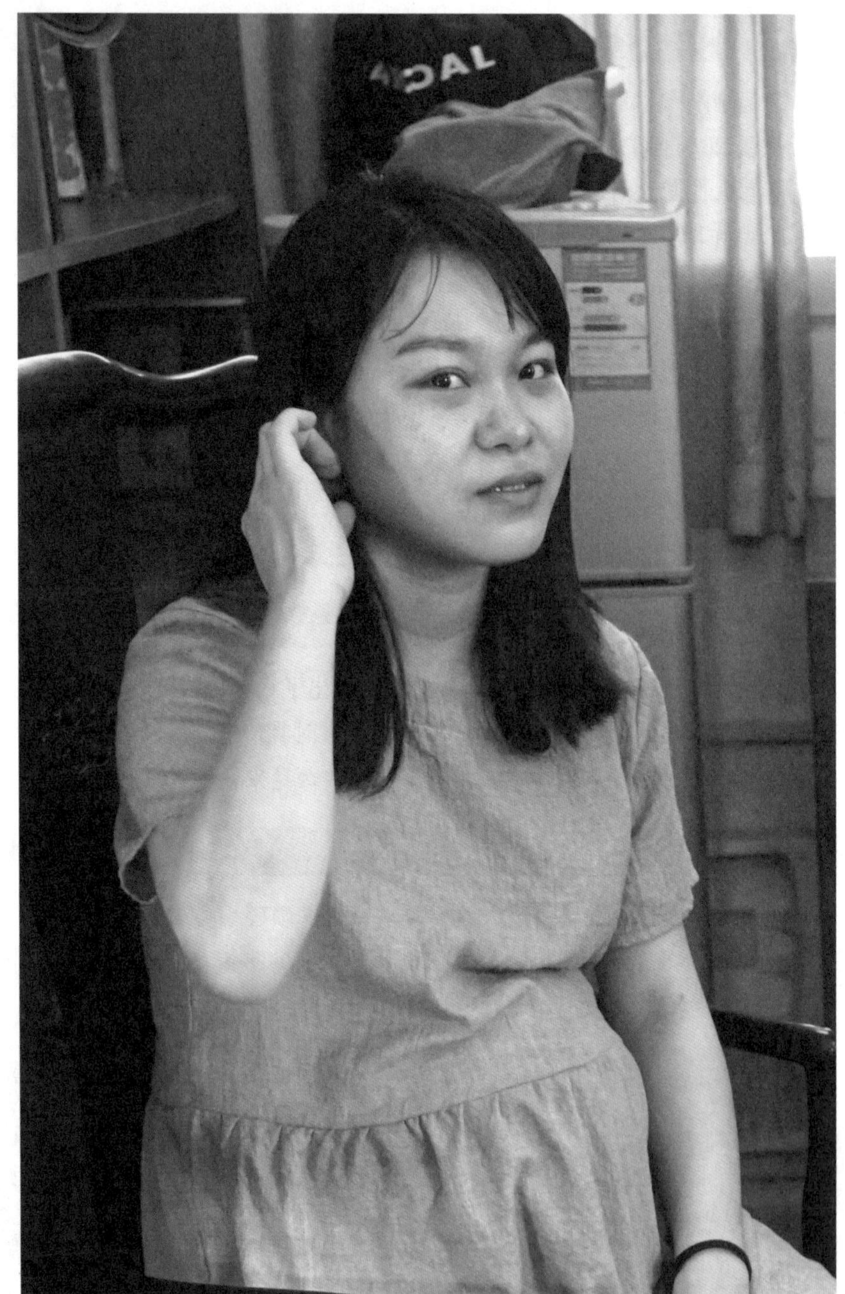

图 2-11 何晓君

一、用四年证明自己不喜欢的专业

“大学选了一个不喜欢的专业（电子商务），虽然我用四年证明我不喜欢它，但这让我更加了解自己。原动力很重要，手作坊是自己想做，爸爸没有去参与。喜欢就要去做。”何晓君做过许多的尝试，这些经历对她现在做的手工作坊也有不少的帮助，“曾经当过家教，学会了与小朋友沟通，应用到现在的手工作坊教学中，传统的东西用普通话比较好表达”。

二、手工作坊

· 新定位

何晓君将自己的产品定位在普通消费者。“爸爸喜欢越大越好，觉得那是一种本事。我是女孩子，就喜欢越小越好，可以拿在手上。爸爸做大的，我就做小的。”她的产品针对的对象为 10 岁以上的顾客。因为她认为 10 岁以下的小朋友还不懂传统陶艺的内涵，而且小朋友力气小，不适合捏传统陶，更适合去捏新兴的彩色软陶。她的目标客户主要是 20~40 岁这个年龄层。在她眼里，来到陶艺手工作坊“窑器”的每个人都是学生，大家都是从头学起。

她希望把陶器这类工艺品做成文创产品，“文创产品量不是很大，在中山试试，中山人文化水平可以，能接受这种程度。（文创产品）至今（2016 年）做了差不多一年，慢慢就会有人接受。刚开始没想过要赚钱，因为消费者肯定不懂，只是在培养市场，使手工作坊可以良性运作。刚开陶瓷店的时候很多人很感兴趣，都报名上课，上完之后觉得很难。虽然我这类作坊比较少，但毕竟只是在中山范围，经营还是挺难的。后期（陶器）加上包装，现在经营好转了一些。包装(的陶器)是专门产品，摆在店里面，宣传面较窄，朋友之间看到会来买。”

· 努力——到台湾、上海等地考察

因为要做文创，所以包装是很重要的，何晓君多次到台湾和上海等地去考察文创产品。其中，台湾的文创让她最为触动。“去台湾考察文创，他们凤梨酥的包装会有故事场景；官原眼科的包装用丝带有 20 种可以选。台湾去了七天，在两个地方停留了很久去感受。印象最深刻的是掌生谷粒，包装特别好，使顾客有欲望买就是成功的，与市场接轨得很好，适合‘90 后’。台湾人喜欢玩字，直白地表达出来，可以打动人。食养山房餐垫用宣纸，食物汁液滴到纸上像一幅画，像在宣纸上作画。”

· 对文创产品的看法

“现在送东西都不知道送什么好，陶瓷制作成礼物独一无二，比如朋友结婚送喜字陶瓷。年轻人不是钱的问题，只是用这份钱买什么东西。爸爸做的东西太辛苦了，价钱高是因为人力成本非常高。我的陶瓷具有不可取代性，因为龙窑独一无二、唯一性。市场没人懂，可以先宣传；后面对陶感兴趣了，就接着和他们讲龙窑的故事调动他们的兴趣。”

何大智（何湛泉之子）

——我小时候，每次回家在那种氛围的熏陶之下，你就不会想去接触那些工业化的东西，也不会想接触商品化的东西，会对那些手工的东西情有独钟。比如现在我家里那些大大小小的挂屏呀，洗手间里的刷牙杯啊，等等，都是自己做的，都会很特别。每天看着它们，你就慢慢地，会看不下太奇葩的东西。

籍贯：广东省中山市小榄镇

个人经历：小学一二年级开始接触石湾陶，小学每年暑假会做一件作品，大学到澳洲悉尼留学，学习视觉艺术专业雕塑。现在毕业回来在菊城陶屋帮忙。

图 2-12 何大智

一、对父亲的看法

说到父亲，何大智（Andy）从内心表露出来的是敬佩，他认为父亲是很有远见的。“没有跟他学，小学的时候也不是常来这边（菊城陶屋）。记得每年暑假，他会逼着我们过来做这些东西。我爸是一个很有远见的人，他从当年创业烧的第一窑到手账记录都保存着。你可以说他有收藏癖，但其实他很有远见。连当年他创业时那些借钱收据，当年自己做的风箱，自己在家里做的小窑，全部都收藏了起来。他当年逼着我们过来，每人做一幅版画，记得我是做了一个皮卡丘。听上去不是很大的任务是吧，一个暑假才做一件。暑假一件，寒假一件，但这样反反复复六年做下来就很多了。”

二、产生兴趣——潜移默化

“我也觉得是一种潜移默化的影响吧。我小时候，每次回家在那种氛围的熏陶之下，你就不会想去接触那些工业化的东西，也不会想接触商品化的东西，会对那些手工的东西情有独钟，比如现在我家里那些大大小小的挂屏呀，洗手间里的刷牙杯啊，等等，都是自己做的，都会很特别。每天看着它们，你就慢慢地，会看不下太奇葩的东西。”

三、对博物馆的规划

如今 Andy 在准备建设石湾陶博物馆，选址就在他的祖屋，距离工厂只有十几分钟的车程。“那个博物馆是全菊城陶屋的博物馆。它是一个灵活的，像是展览式的当代艺术博物馆，也有些永久的东西，但大部分还是流动的。我喜欢球鞋，会做乔丹的球鞋，将一到九代做成一面墙，我会想把它 copy（复制）下来。”

他希望能有学设计的学生参与石湾陶的建设中来。不希望纸上谈兵，期待大家可以一起努力。“我觉得未来还是主导文化吧，能互相帮助，做好的话其实也不是我的。这既是大学生的一种参与过程，也是回馈社会吧，（博物馆）就给大学生一个创作舞台。”

四、未来的方向

“说未来的方向的话，会更现代化一点。但我说的现代化绝对不是说搞机械化，只是从产品的制作层面到产品的设计包装，都会比现在简约。因为我们主打的东西还是釉色，所以不会影响到它，比如瓦脊这种技术还是要保留下来的。但之前有一位从上海过来的老师说过：‘虽然说申请非遗首先谈历史，继承传统，但也要谈现代，技术方面更要谈未来。有没有心或者想法去延续其生命力，有没有把这个东西做回来？如果延展下去的话，能够有更多人的参与，生命力就越强。’提到古建筑元素，那如何延伸到当代室内家居，比如如何让瓦脊成为建筑结构里面的一个重要元素，拓展开来，再推广出去？目前的一个战略是通过跨界，重新唤醒新的形式、价值。

“菊城陶屋是不会变的，但正如我当年所说会做一些分支，只代表我的一些风格，但还是菊城陶屋。”

访谈与整理人员：华南农业大学岭南民艺平台石湾陶研究课题组

图 2-13 拉坯

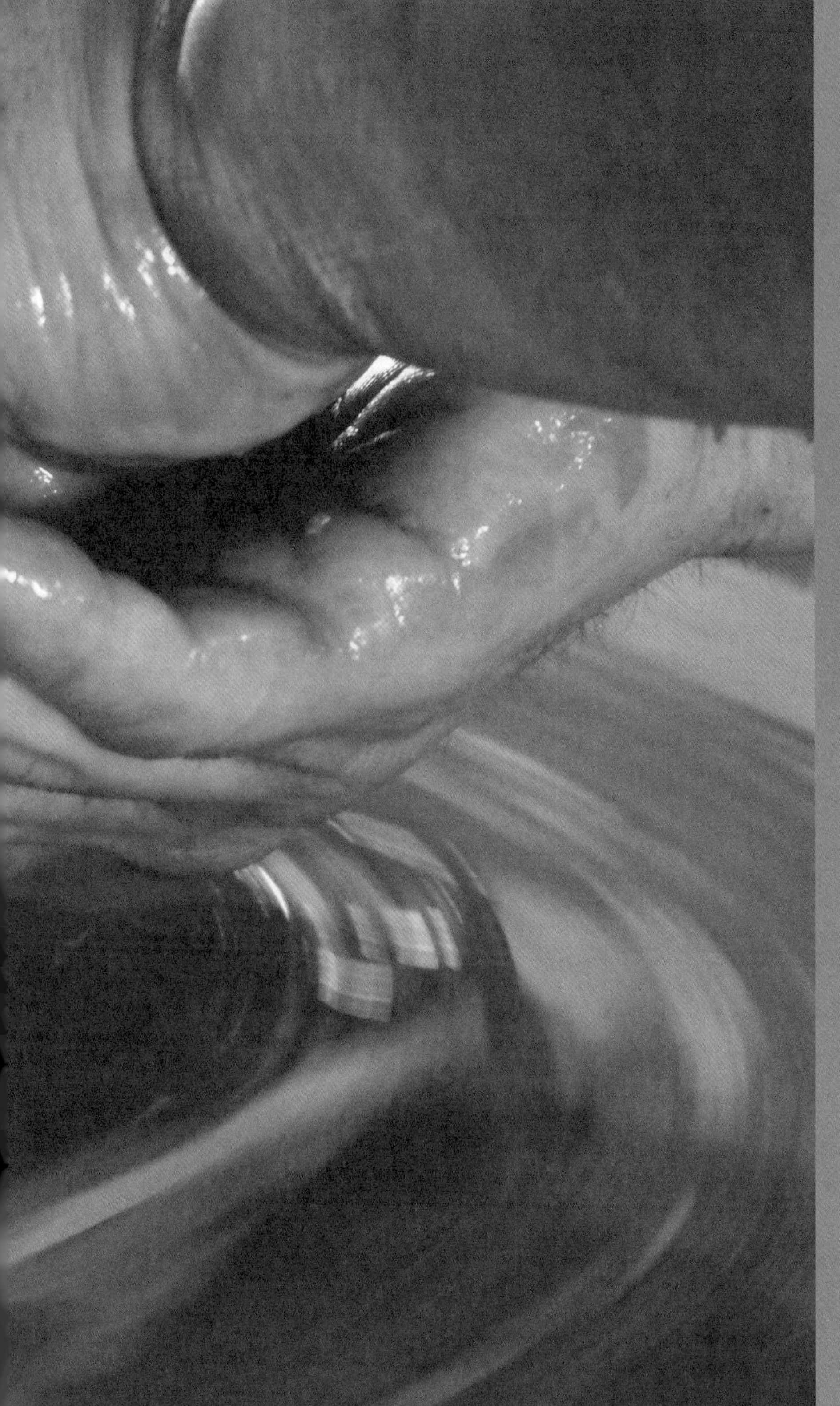

第二节 菊城陶屋工作室工匠名录

工艺师傅和普通的工匠对石湾陶传统工艺没有给出确定观点，也没有认为自己成就了什么事情。但他们专注于手头上的每一件工艺品，日复一日，坚持着传统工艺。虽然他们没有太多关于传承的想法，但他们的行为已经是一种传承，他们应当得到更多的关注与尊重。

图 2-14 杨师傅的工具

（一）杨师傅

籍贯：广西壮族自治区南宁市　年龄：50 岁左右　民族：壮族
从事工艺时间：20 多年
学艺情况：中专时读幼师。现掌握的技艺涵盖了 20 多门（雕刻、素描、室内装潢等）。四年前由雕塑厂加入陶屋，现任工艺师傅。

杨师傅 1997 年来的广东，1999 年来小榄，在很多厂做过，进进出出打工。在他所工作过的工厂中，待的最长的时间是 10 年。大多是因为工厂倒闭才会换到其他的工厂。“现在陶瓷厂没有那么好赚（钱）。一九九几年的时候，以前做那种工艺品的厂在东莞那边都有 150 多家。现在好像都没有了。”杨师傅见证了珠三角地区陶瓷行业的兴衰。

图 2-15 杨师傅正在塑鹰的翅膀

“您徒弟学了多久？”

“两年多，快三年了。”

“我听隔壁师傅说年轻人很多都待不下去了。”

“是，现在很多年轻人都没耐心。”

“那您徒弟有耐心吗？”

“有。”

“他把他的兴趣融进去了？”

“对，你有一个兴趣爱好在这里，再加上自己的耐心。”

“如果徒弟在陶艺这方面很厉害，自己会不会很开心？”

“那这个肯定的咯，年纪大了慢慢很多的想法没有那么的大胆了，年轻人的想法大胆一些。”

图 2-16 杨师傅和徒弟钱师傅面对面一起工作

图 2-17 工作间里的钱师傅

（二）钱师傅（钱儒胜）

籍贯：广东省肇庆市　年龄：23 岁

从事工艺时间：6 年

学艺情况：17 岁进入菊城陶屋，开始因捏叶子捏了三天都不成像，想离开，被杨师傅劝服后留下来了。在陶屋一待就是三年。

“当年他（杨师傅）教我捏叶子的时候，我差点就走了。捏了三天，一直捏都不像。我那天就跟他（杨师傅）说，明天我不来了。被他吹（劝服）着留下来了，然后一留就留到今天。”直到今天，钱师傅已经在菊城陶屋待了三年。

钱师傅在中专时学的是平面设计。他很喜欢菊城陶屋里的自由，“我是很讨厌每天干同样的事，起码做这种（指捏陶的造型）可以每天做不一样的事。你想做什么就做什么，没人管。暂时没有想过（创业），先把手艺学会再说”。现在的他已经不再是那个学三天想走人的小师傅了，“做这个行业没有几十年，真的没什么成就。如果你学到一半又放弃了，没什么用，没意义”。

图 2-18 钱师傅正在制作泥猴

如杨师傅所言，钱师傅对石湾陶艺是有耐心和兴趣的，“现在的‘90后’，你说哪个还肯过来学这个的。因为这个（陶泥）比较脏，现在年轻人，穿那个衣服呀，戴金戴银的。（一开始）根本掌控不了那个脏，黏上去是会滴的。现在不会了，因为是熟手了。”

在工作之余，钱师傅会用陶做一些自己喜欢的东西。“如果下班没事做，可以做自己喜欢的东西。之前放在这里（靠近窗口的工作桌边），什么蛇头啊，鸡头啊，兔鼠乌龟牛都扔了。还有个龙头放在这里，也都扔了，看腻了。我刚开始做的时候，做得乱七八糟，但觉得自己做的菊花很漂亮。”

“我以前看过他（何湛泉）的那些古董展览。上一年看，我就说这一辈子跟定他了。我们就是他的学徒，但他就只是指点，不会刻意过来说今天要你做什么东西。你自己创新一些东西，他有时候过来看一下，指点一下。这里要靠你自己领悟，什么都靠自己。你想学什么就自己学，如果看见地上的东西少的话，就去学一些没有做过的东西。或者是你做的那些动物的神态不是很好，你要去学一些作品。”钱师傅对何湛泉老师更多的是尊敬。

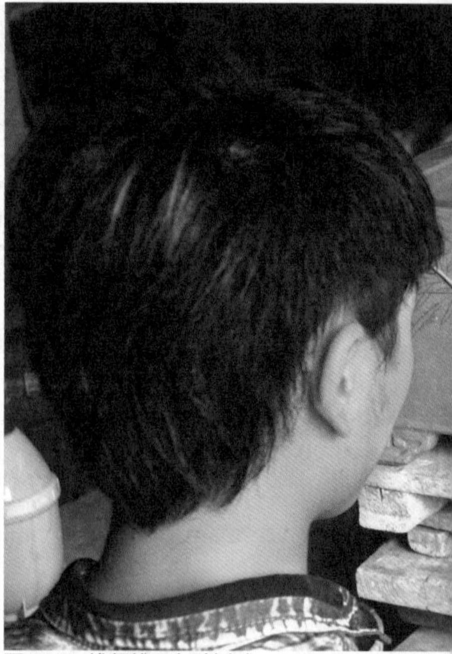
图 2-19 钱师傅正在贴树叶

我们与钱师傅交流作品创作特色：

采访者：“您看名人作品多了，会不会尝试去模仿它?

钱师傅：“会啊。”

采访者：“那如何体现自己作品的特色？”

钱师傅：“我还没有这个能力啊。”

采访者：“那您觉得要具备这个能力要多久？”

钱师傅：“一辈子，只能这么说。何老师也是这么教我们的。”

钱师傅说：“以后会继续做这行。自己老了，退休了，还可以玩（陶），也可以开一个专门教别人做这种东西（陶）的教学班。”

钱师傅介绍了工厂里的几位工艺师傅：“每个人都有自己的特长，我的特长是做动物、做鸟之类的；杨师傅做花；莫师傅做人，假山也做得好，做什么都厉害，应该这么说。”“他（杨师傅）是我们的老大，在这里（杨师傅、莫师傅、钱师傅三人工作间）我最小，不过他们都叫我‘胜哥’，我叫钱儒胜。”

图 2-20 钱师傅自己捏的火影忍者“卡卡西”

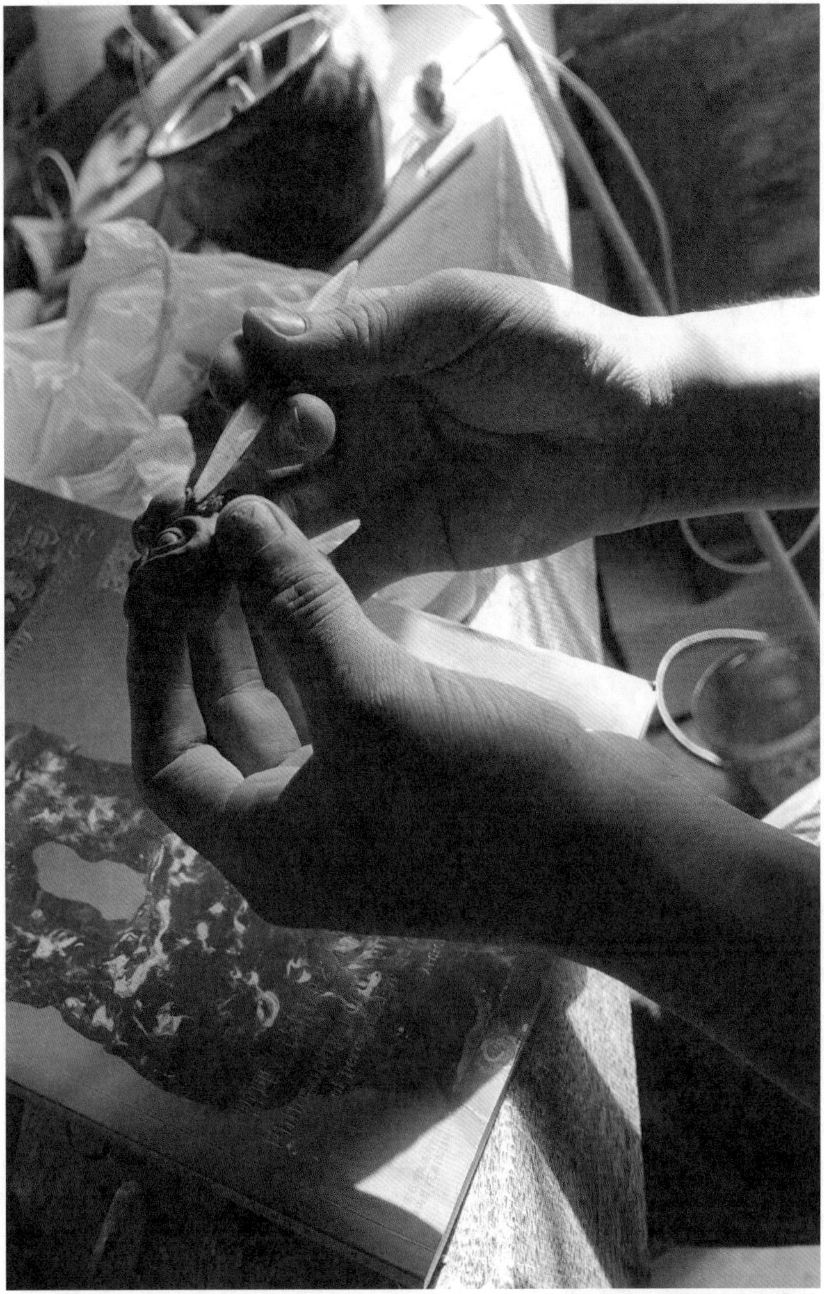

图 2-21 钱师傅正在雕陶猴

（三）莫师傅

籍贯：贵州省　年龄：35 岁
从事工艺时间：15 年前加入菊城陶屋
学艺情况：年少应征学徒工匠，15 年前加入菊城陶屋。中途离开创业 3 年失败，重新回归菊城陶屋，现任工艺师傅。和他同时进厂的两三年就走了，就只有他一个人坚持到现在。

“有一定的美术基础，喜欢画画，童年玩泥巴的影响。”莫师傅认为这些兴趣是他学习石湾陶艺的基础。

莫师傅将自己刚开始学习石湾陶工艺的过程讲得很简略，“做一星期的叶子”“去（佛山市）石湾学习”“老板的指点”“看一些书籍，参考图案，学习构图”，和其他几位工艺师一样，从简单的开始，重复练习，学习基本靠自己。

“十几年前一幅 3 m × 3 m 的版画”是莫师傅至今最得意的作品。“像瓷砖或者魔方那样拼接起来，放在公园中，画面很大、很立体。”莫师傅说，“当时做完作品很有成就感，并且客人很满意，就像做一道菜，受到了食客的好评一样。”

小物件是莫师傅认为最难做的。“小件的，比如小动物、蚂蚁之类，每一条腿都要慢慢做。会比现实的蚂蚁大一些，但是人家看了就会知道这是蚂蚁。”莫师傅说，“做这行最重要的就是手巧、心静。”

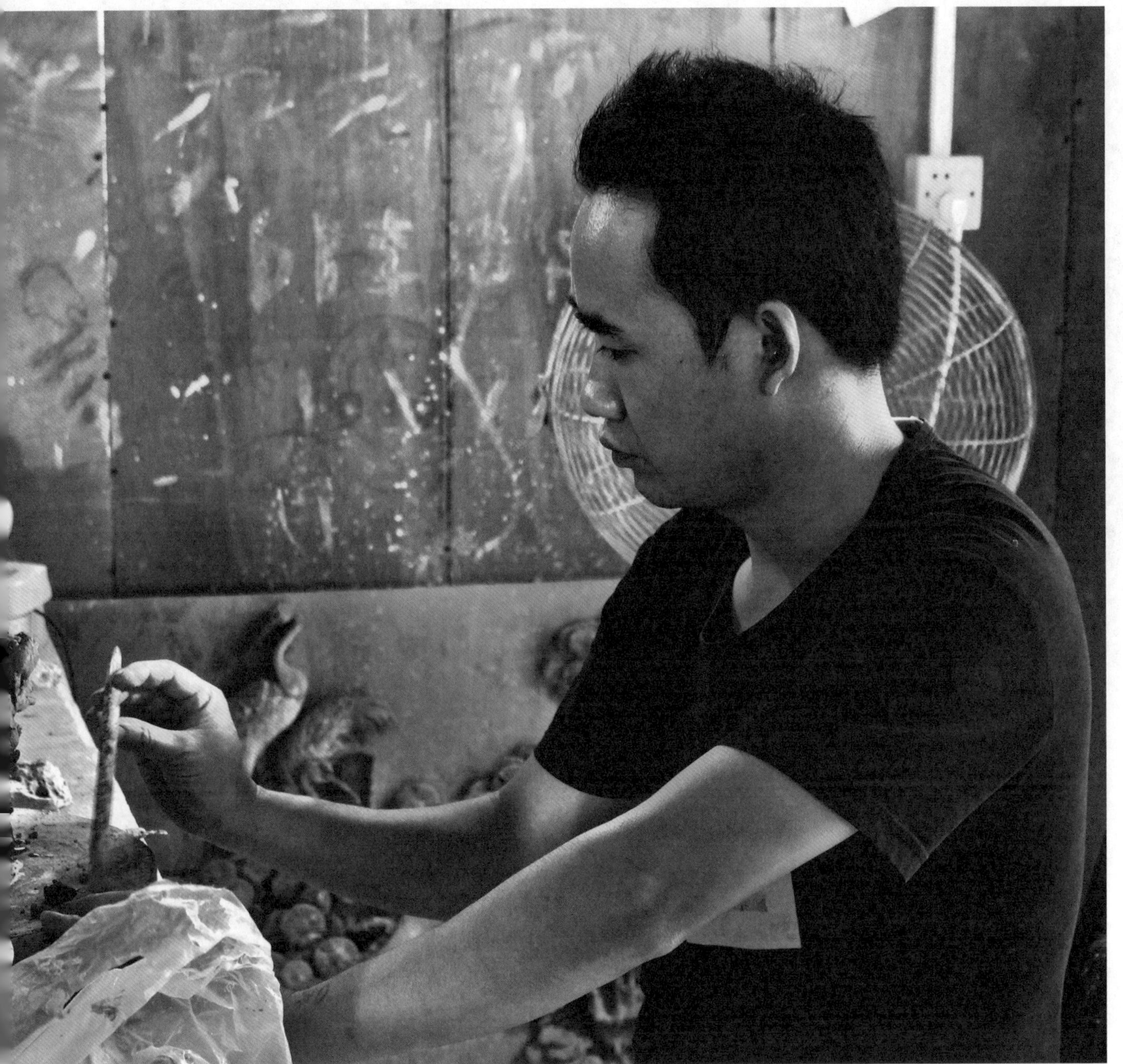

图 2-22 莫师傅正在塑假山

图 2-23 莫师傅自己制作的工具

莫师傅有创业失败的经历，“管理很头疼，有些人你给他高工资，他不给你创造（像艺术品）这样的东西，给低工资的人，他又不会做。要是跟你吵架，作为老板，你不可能跟他吵，不可能像其他厂一样吵架了就另招一个人，这样没用的”。

在莫师傅眼里，何老师做陶有与其他人不一样的地方，“他重视文化，而不是模式化的东西，就像齐白石的画能卖那么高的价钱，就是因为他做出了文化的东西”。

莫师傅以前常跟何湛泉老师的儿子Andy聊天。“以前何老板的儿子Andy就坐我对面，每天都一起聊天。”“喜欢听他讲一些国外的事情。”

对于西方的艺术，莫师傅认为这对于传统的石湾陶艺没有多大帮助，“西方的艺术是抽象的，而国内的讲究寓意和内涵”。

而自己会一直坚持做石湾陶，“因为喜欢”。

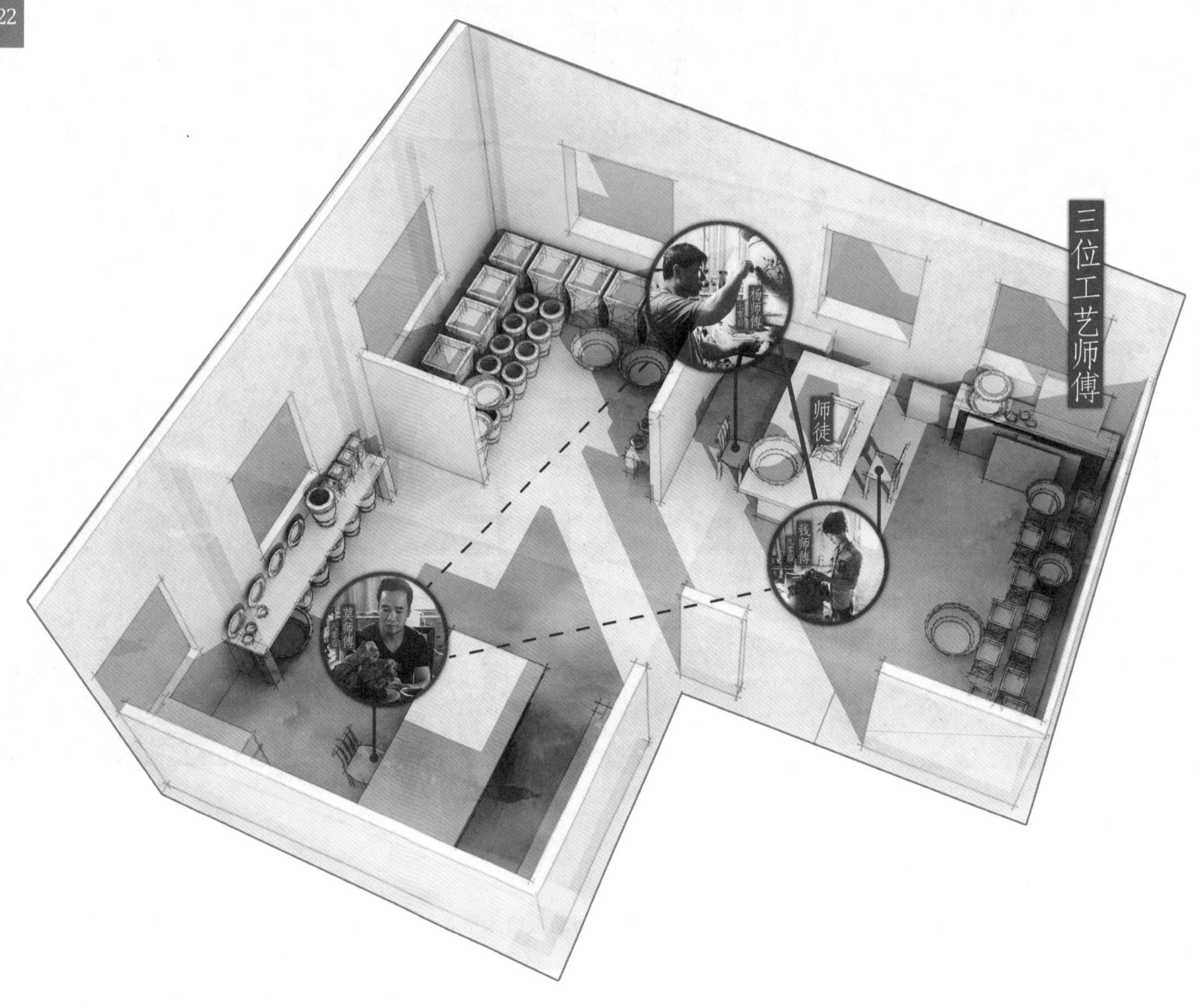

图 2-24 工匠工作间的空间图

40 多岁的杨师傅，一位经验丰富的老匠师，平凡坚守；33 岁的莫师傅，一位回归沉稳的创业者，急流勇退；23 岁的钱师傅，一位以趣入道的学徒匠，旭日初升。

三人是同事，是长幼三辈人。但是也会一起用泥块、喷壶嬉戏打闹，以此为平静的匠人生活带来乐趣。他们之间并没有很明显的利益之争，有时候作品出来了，也会互相点评，互相学习，共同进步。

也许，这就是传承吧。

图 2-25 刘师傅正在做陶坯

（四）刘师傅

籍贯：四川省　年龄：53 岁

学艺情况：从杂工做起，烧窑、捡柴。

“其实在这里最关键的一步，个人认为啊，还是做坯这一方面，就是做坯做平板。我现在做的这一类是最难的一类。要是面上看上去最好看的，还是里面这些做工艺的师傅，看上去就看得出做得好、做得精细嘛，靠感官就可以。其实最要紧的一步还是坯。（采访者：因为这是基础？）对对对，这是基础，坯做得不好的话，外面怎么做？”

工厂人员流动性大，“由四川人为主变为广西人为主，之前和自己一起来的老乡来了就走，有一些去开厂了。大多数人是打一份工，假如是来专门学手艺的，学一年左右就走了”。

刘师傅的工具是自己找材料做的，有木材、竹、自行车的配件（自己捡回来）、橡胶片。

图 2-26 工作中的柳阿姨

（五）柳阿姨

籍贯：四川省　年龄：50 岁左右

从事工艺时间：2~3 年

学艺情况：2010 年到菊城陶屋，期间回去照顾孩子，老公也在工厂工作，是她的师傅。现在负责做瓦当等小件的坯。

柳阿姨在小榄都有十多年了，之前从事五金方面的工作，做月饼盒。“因为我老公在这里嘛，就是那个（五金）太危险了，我看到很多工伤，我怕了，就换工，这边安全很多。那个（五金）我都怕了，我之前同事都在五金那边干了十多年了，看到他还受伤，不值得嘛。”

丈夫是柳阿姨的一位老师，“我刚开始来这间厂就是做这个（瓦当），因为我老公什么都会，就教我嘛，他是我师傅”。

柳阿姨说自己不会做工艺。“做出来就在里面（三位工艺师的工作间）做工艺，我又做不出来。平常我也是烧坯，难的也是我做，有时候也做一点那种加线条、边啊的，也是我做。”

图 2-27 李阿姨

（六）李阿姨

籍贯：广西壮族自治区梧州市　年龄：53 岁

从事工艺时间：6~7 年

学艺情况：通过他人介绍来到工厂工作。活儿三五天就可以上手，很简单。一开始就做很多工件，也做过上釉的工作，目前在做瓦筒。工具基本上都是厂里给的。

图 2-28 李阿姨制作的瓦筒

李阿姨出来做事的时间很早，“我们（一九）九几年那个时候就出来了，你们，哈哈，那时还没有出生。”

李阿姨觉得自己做的事情很普通，是很容易学的东西，她认为自己做得不能算是艺术。“这个跟艺术真的搞不上关系，里面（三位工艺师的工作间）那些才跟艺术搞得上关系的。要塑那些花花草草什么的，就送过去。”

李阿姨说老板何湛泉和何太太对待人都很好：“嗯，真的没有架子，那俩夫妻都是。”

“诶，没想过做多少年。做得开心，做到多少年就多少年。这里也不捆绑，你真的有需要要回去的话，就让你回去。”

访谈与整理人员：华南农业大学岭南民艺平台石湾陶研究课题组

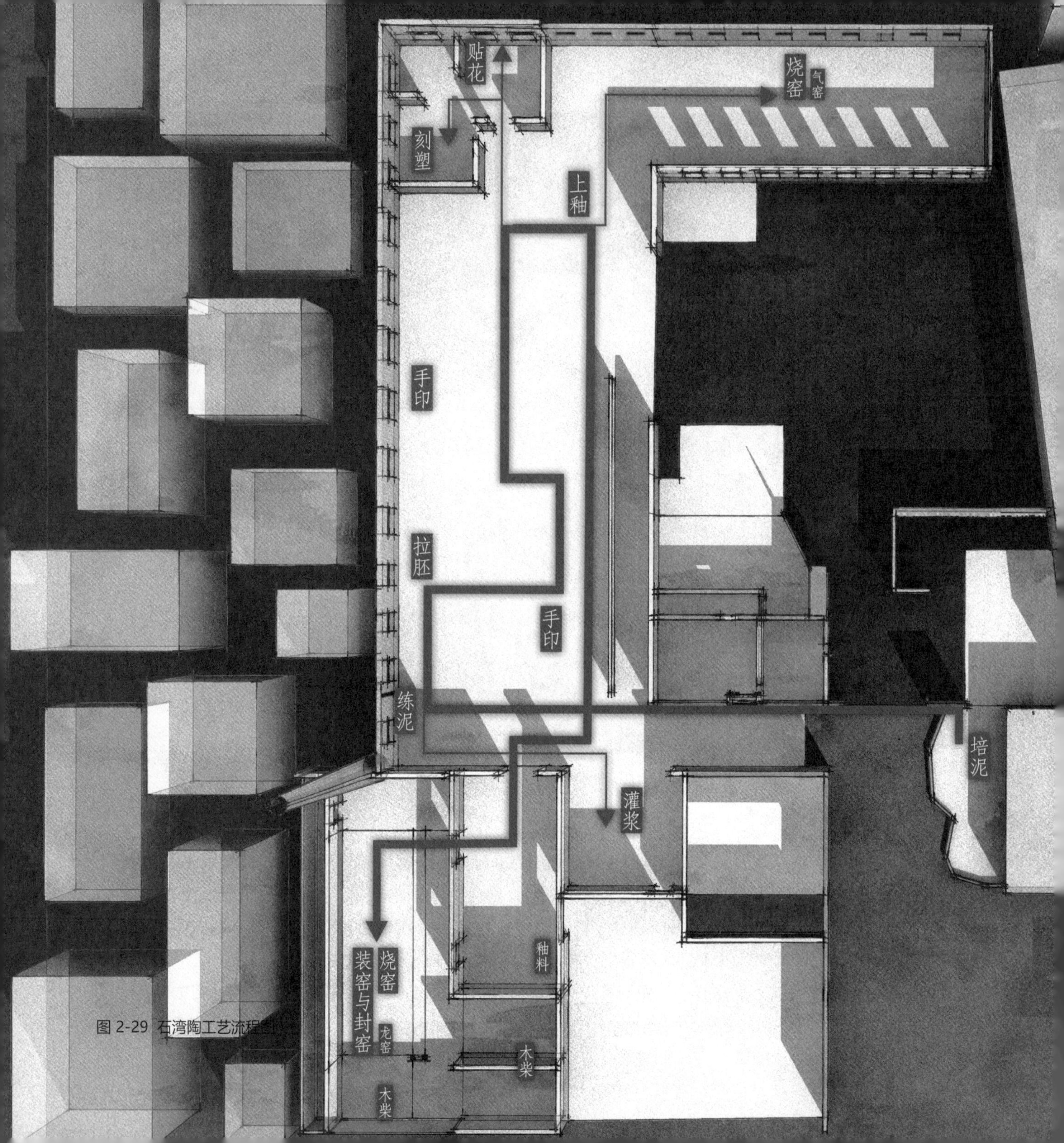

图 2-29 石湾陶工艺流程图

第三节 工艺制作流程（石湾陶）

石湾陶历史悠久，最早可追溯到新石器时期，自唐宋起已有艺术陶瓷的生产，在明清达到鼎盛，被世人亲切地称为“石湾公仔”。彼时，石湾窑出产的瓦脊等建筑装饰构件、人物摆件等工艺品不仅在珠三角地区的民间得到大量运用，而且远销东南亚。石湾陶艺经过千年的历练，形成了自己独特的发展轨迹和艺术风格。

一、培泥

高岭土是烧制陶的原料。陶在生产过程中有一个很重要的经验就是怎样将泥组合成一个合理的配比。这些泥巴里面所含的金属都是不同的，需要通过经验以合理的比例配制。泥里面要加耐高温的砂，作用是要支撑陶器在 1 250 ℃里烧起来不变形，保持陶器的形态。

图 2-30 不同配方的原料土

二、练泥

培好的泥巴还需要再加工。搅拌配方合理的泥巴，之后一层一层地放好，然后再放进练泥机里加工。为了让泥能充分、均匀地混合起来，这个加工过程会重复五遍。

图 2-31 练好后码放整齐的泥块

三、成形：灌浆

灌浆是一种比较简单快速的量产加工方法，把泥土全部配成一种液态的泥浆，将泥浆舀到石灰模具中，依据气温，控制所需要的厚度，再把模具里面的浆倒出来，慢干一段时间，最后拆开模具。

图 2-32 正在灌浆的师傅

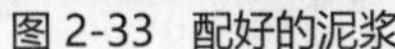
图 2-33　配好的泥浆

图 2-34 灌浆的模具

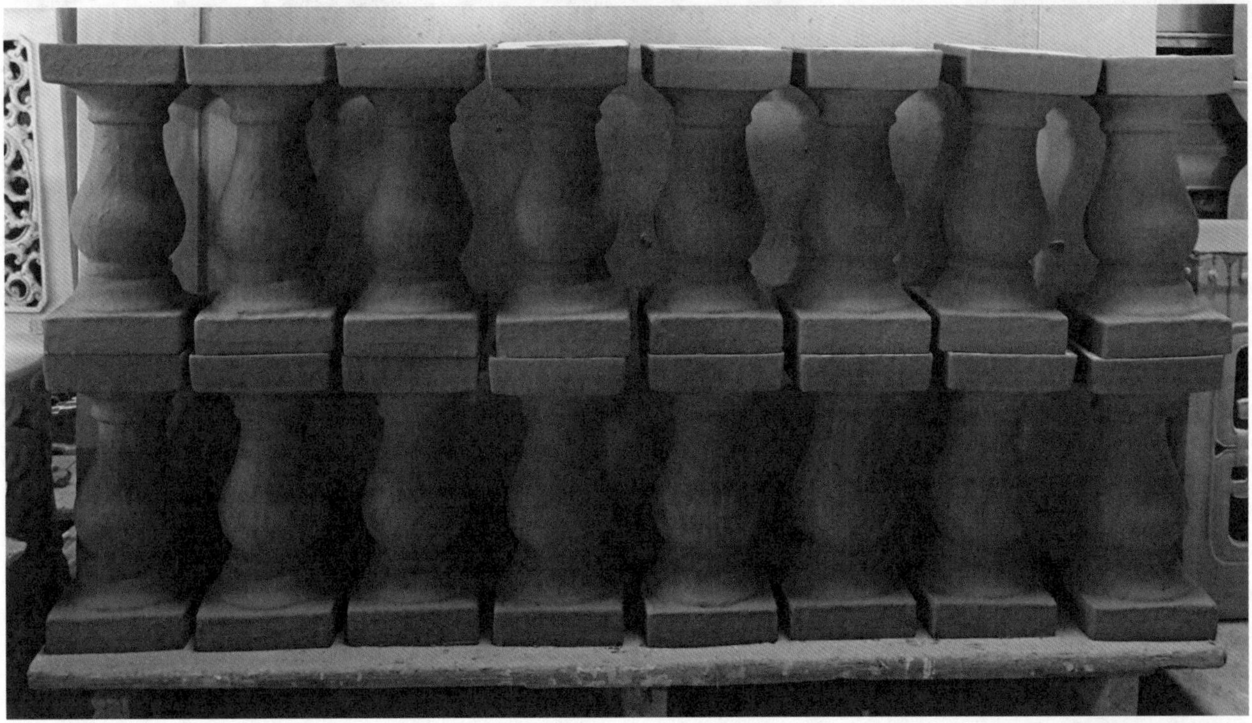

图 2-35 通过灌浆制作的宝瓶

四、成形：手印

图 2-36 正在做手印的师傅（一）

图 2-37 泥板压在模具上

图 2-38 正在做手印的师傅（二）

手印就是预先把泥制成 1~1.2 厘米厚度的泥板，然后将泥板放进模具中用手挤压成形。模具分为对等的两半，最后要将模具绑好，待泥板干透。做手印的速度比灌浆慢，但是制作出来的效果比灌浆要好。

图 2-39 正在制作陶瓶

图 2-40 正在制作大缸坯

图 2-41 拉陶坯

五、成形：拉坯

师傅用泥一圈一圈地把陶坯拉起来，用脚不停地转动转盘。大的陶缸拉起来后用锤来敲打形状，之后可以在表面贴花。

图 2-42 正在贴花的师傅

六、成形：贴花

花盆上面的一片叶、一朵花、一个故事，就是这样纯手工做上去的，这种过程很耗时间。

图 2-43 假山泥坯塑形

七、成形：刻塑

根据山水画和客户需要来制作假山摆件，文人在书台上面摆一两件作为观赏，也可以作为纸镇。

图 2-44 放在室内阴干的陶碗

八、阴干

做好的坯体不可以在阳光下晒，要放在阴凉的室内缓慢风干。等它收缩均匀、干透了再拿出去晒，晒过阳光之后再上釉。不同规格、不同天气都会影响坯体干燥所需的时间。

九、妆饰：配釉料

图 2-45 正在调灰的师傅

制釉原料以芭蕉叶、稻草和桑树为主。煅烧时温度把控很重要。桑树从树叶、树干到树根，每个部位烧后做出的釉的颜色、纹理等都不同，灰与一些辅助材料，如早稻、晚稻，分别烧出来的釉也不相同，早稻和晚稻制出的釉其实都是绿色的，但颜色效果不同，有的很浑浊，有的很清透，通透翠绿则是高标准的釉。

图 2-46 各种已经配制好的釉料

十、妆饰：上釉

上釉都是用毛笔一笔一笔地上上去的，这是最原始的上釉方法。人手上釉如同写字，有高低有转折，这样上出来的东西有变化，更加美观。但是这种方法用的时间长很多，所以恢复传统有一个问题：就是很累，要费很长时间。

图 2-47 手工上釉的师傅

十一、装窑与封窑

龙窑最后的门是最大的，所有的大盆都是从这里进去，当窑装满东西以后，用耐火砖或者耐火材料把所有的门口完全堵住就可以点火了。装窑讲究技术性，因为会影响陶器烧出的质量。

图 2-48 还未装窑完毕的龙窑

十二、烧窑：龙窑

“过火山”，这是传统的龙窑烧制陶器的说法。一般的烧成温度在 1 250 ℃左右，但具体的烧成温度还要依据泥料、釉的材质和个人想要的艺术效果而定。

结构，是龙窑的核心。菊城陶屋的这条龙窑，不仅仅是模仿了传统的龙窑，还融合了何湛泉老师大胆的改造。

图 2-49 龙窑效果图

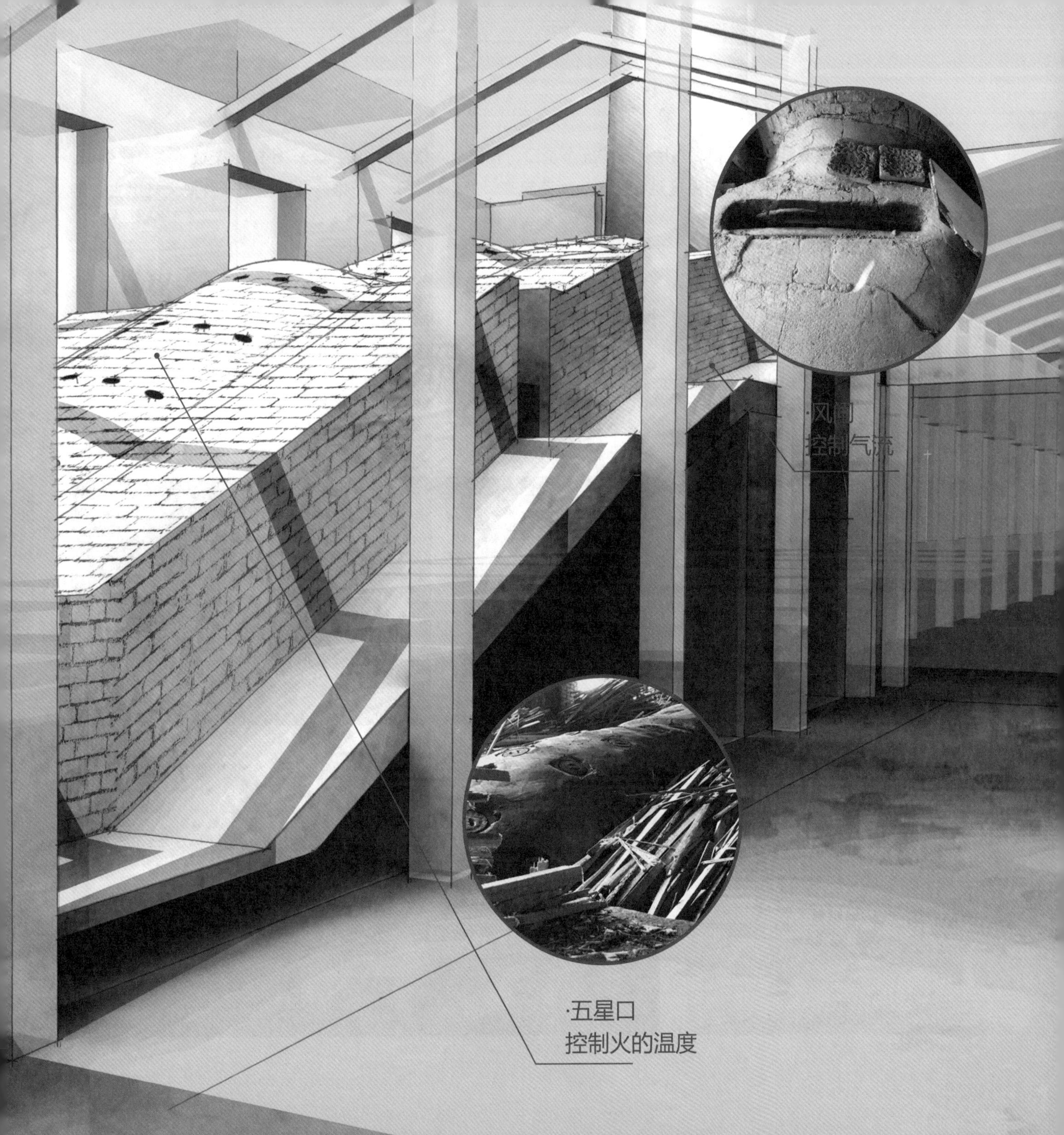
·风闸
控制气流
·五星口
控制火的温度

· 五星口

五个人，每人控制一个星口，然后打开这五个星口，有一个人指挥放小的木柴。小的木柴放下去一路燃烧，通过五星口观察窑内的火，确定温度足够了之后就盖起来。然后再打开下一排，从下往上一路把火赶上去，最后把缸瓦烧熟。

· 火种

一窑要烧一万多斤（5000 千克）木柴，在烧了 15 ~ 18 个小时后，就开始烧火种。凭工匠的经验来感觉火种是否足够，若足够，则下面的烧柴口就停下来不烧了，这个时候整条窑的缸瓦一件都还没有熟，就靠下面烧了十五六个小时以后的火种烧上来。如果火种不到位，烧 20 个小时都不熟。

图 2-50 五星口

图 2-51 木柴：松木

图 2-52 烧柴口

图 2-53 工匠正在通过五星口控制龙窑温度（菊城陶屋提供）

图 2-54 五星口顺着龙窑向上排列

·燃烧材料

“木柴来源是（陶屋）旁边的木材市场剩余下来的边角料。”

“最好的木材：一是松木，二是杉木。松木有三个优点：第一，松木疏松，燃烧起来很快；第二，它有松油，达到一定温度的时候它有一种爆炸力；第三，一窑烧一万多斤木柴，木柴烧出来是有灰的，这个灰在窑里飞腾的时候，对釉来说是一种非常棒的材料，而其他的木柴没有这么好。”

·风闸

“这个是为应对春夏秋冬不同季节而设置的，我们叫风闸。说到气流，秋冬气流太大了，气流的冲击能力太强了，我们就把一个（风闸处的铁把）放上去。放多少也是凭经验，这个就是用来控制四季不同的对流的。”

图 2-55 存放在龙窑旁边的松木柴堆

图 2-56 龙窑立面图

· **坡度和坡比**

“水是朝下流，火是朝上升，根据一种合理的比例来确定坡度。龙窑的斜坡分三段，前面这一段叫‘加三’，中间这一段叫‘二八’，后面这一段叫‘二三’，这就是坡比。这样不需要鼓风机和其他附加的工具，在前面的燃柴口点燃木柴，24 小时慢慢升温，就能达到 1 250 ℃。烟囱的直径差构成比例关系，形成一种风力来加温。”

图 2-57 龙窑内部

从火玩人到人玩火，如何顺利过火山需要大量的经验积累。

“龙窑的收缩率是很高的。所以在烧制的过程中，火温控制不好的话它（缸）会变形。这个缸做出来它所需要的手工时间是很长的。如果（烧制）技术不过关，烧坏的话，多可惜呀！所以我们每一个程序经过了几十年的经验才把握得住，不然过火山的时候烧不好，那就完蛋了。这个工艺，刚才一路下来你（采访者）看到，培泥、练泥、印坯、加工艺、手工上釉，如果就是最后一个程序在龙窑里面烧坏了，那前面的心血都白费了，就变成了垃圾，所以过火山是一个很关键的环节。

“我们菊城陶屋从 20 世纪 80 年代到现在一路维持烧这种传统陶艺的东西就是在这里出来的。这个窑在这里 30 多年，可以说为广东创造很多文化财富，广东很多的一级文物，如那些瓦脊的恢复，都是从这里出来的。这个柴窑的控制技术很需要经验，我们 20 世纪 80 年代刚开始做的时候很多都是失败的，我们研究了十来年才慢慢成功，到今天它基本上已经很‘听话’了。以前刚刚创办的时候，这个火老是玩我，所有东西都烧不好；今天呢就反过来了，是我玩它了，这就比较成熟了。”

图 2-58 龙窑内部的砖墙

· 何湛泉老师关于火的经验

“如果你们有机会看到烧火呢，是蛮好玩的。比如说怎么样才熟呢？怎么样才是 1 000 ℃呢？怎么样是 900 ℃呢？怎么是 1 250 ℃呢？你怎么看？今天我的眼睛比温度计还要厉害。其实火你去注意它呢，它有动作、有颜色的。它的温度，比如说从 800 ℃开始，我们打开这个五星口这里一看这个火，800 ℃的时候走的动作比较慢，没有什么速度，这个温度是带橙红色的。然后慢慢升温到 900 ℃、1 000 ℃，1 000 ℃它慢慢开始变青黄的颜色，火的走动速度你会明显感觉它快了。然后到 1 200~1 250 ℃的时候，这个火的速度就好像汽车行驶在高速公路上 130~160 千米 / 小时的速度了，而且这个火的颜色又变了，变成青蓝白的了。青蓝白这种效果就是烧着了，这个时候就是 1 250 ℃了。但是在控制这个颜色效果的时候特别是在 1 250 ℃的时候，你眼睛看错一下，就有可能差 100 ~ 160 ℃了，这是很微妙的颜色变化，就是凭经验。所以这个木柴你不要看得那么简单，当它熟的时候放多十条、二十条区别就会很大。”

· 关于烧窑的时间

“这个窑从点火到缸瓦烧完成的话，基本控制在 20 ~ 23 个小时，整个缸瓦就烧熟了。烧熟之后，还要让它慢慢降温，降温两到三天才可以出窑。

“龙窑最好玩的是什么呢？在技术方面，它有三种火来玩。它可以烧氧化，可以烧还原，还可以烧半氧化半还原。这里就有三个方面要配合，第一，就是装窑的技术。第二就是天气，龙窑是有季节性的，这和气窑不同，龙窑春夏秋冬四个季节烧出来都是不同的。第三就是烧制的手法，比如说春天，空气中的水分含量很多，木柴里的水分含量也很多，这样烧起来就没有那么好。一年里面我们的黄金季节就是秋天跟冬天。秋冬雨水少，什么都干，烧起来就快。春天烧窑跟秋冬烧窑每窑差两个小时以上，夏天相对春天来说也比较干燥，所以龙窑最怕的就是春天。”

访谈与整理人员：华南农业大学岭南民艺平台石湾陶研究课题组

语录

图 2-59 石湾陶公仔脊

何晓君——要做接地气、大家能看懂的东西

「做的东西要接地气。第一，让大众看得懂；第二，再让大众去接受。先把门槛降低了，给别人一个学习的机会，大众接受了，我们的市场才会扩大。先让大家去了解、接受、学习，这个工艺才能继续发展下去。」

何大智——推广让更多的人参与，传承才有生命力

「我要承传，承传是必须的。其实在各方面比较稳定的情况下，我的视野不是停留在如何做很好的产品出来，这当然也是必须的，但我的视野是如何推广，在这个时代可以更容易地让年轻人接触到传统工艺。我想更多人来参与，参与才有更多生命力呀。这也是我从心理学角度讲，为什么当初我不弄杯子不弄碟，就要弄大的东西，因为我知道从来没接触过艺术的人，他的最大的心理的坎就是怕丢脸，所以我就很看重第一次。客户的第一次体验是满意的，会让他提升自信，所以我去搞大模具，出来的东西是一样的，客户会有成就感，就会慢慢去了解传统，参与传统。」

何湛泉——传承就是读懂传统之后再创新

「我们这代人跟你们这代人有区别，每个时代都有每个时代的特色。你要记住，万变不离其宗，这就是文化的核心，所以关于这些传统元素你必须要有很深的功底。我建议你们去跨界，多认识点其他门类的工艺，容纳多方面的东西，这些你吸收到的东西，总有一天会被你发挥出来，跨界去做事，不要单一。」

黎艳嫦——支持年轻人创新

「什么年龄就做什么年龄阶段的事情。你们年轻人，勇往直前就行了，我们这个年纪就保守一点啦。不过我们十几二十岁的时候也是无所畏惧的，因为跌倒可以再爬起来嘛。现在跌倒就很容易粉身碎骨了。年轻当然要不断创新，不过资金方面就一定要保守，要稳，要慢慢地一步地一步来。我们现在也是慢慢放手交给那些小朋友啦。」

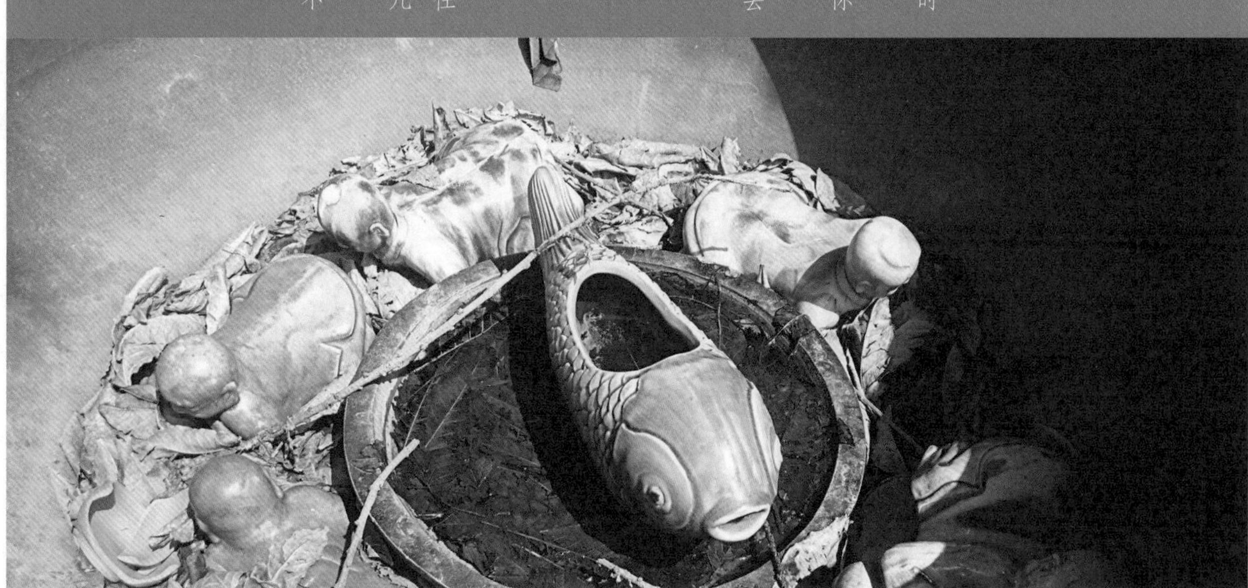

图 2-60 石湾陶鱼

语录

图 2-61 钱师傅塑的陶猴

杨师傅——能待下来的年轻人都是有兴趣爱好加上耐心，所以很少。

莫师傅——艺术上的东西没有完整的定义和规矩。我们都是普通人，没那么复杂。

钱师傅——做这个行业没有几十年，真的没什么成就。如果你来学习又放弃了，没意义。

刘师傅——如果没有像我们这样的基层的人坚持就没有办法做下去咯。

李阿姨——现在都是这样咯，有哪个不辛苦？我们的老板比我们还要辛苦。

柳阿姨——做陶不辛苦，就是很脏，现在的年轻人都怕。

图 2-62 陶盆

图 3-1 潮州广济桥

第三章 卢芝高

国家级非物质文化遗产名录嵌瓷项目代表性传承人

「工艺的东西，艺无止境，越是学下去才知道路还遥远。」

“建造祠堂为的是什么？不就是祭祀先祖，教育后人嘛！”

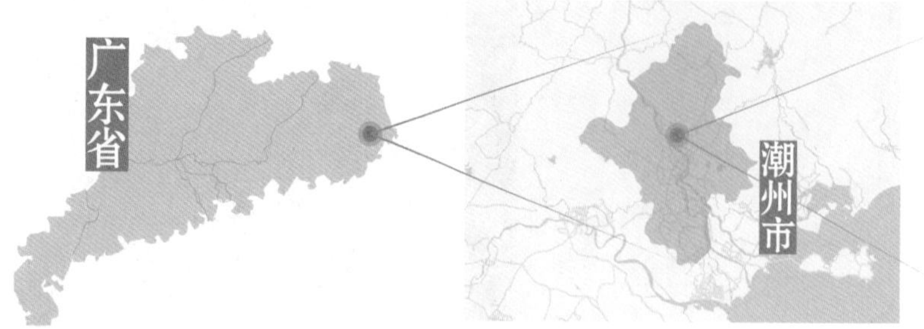

图 3-2 芝高嵌瓷艺术研究所

第一节 卢芝高及家人口述

图 3-3 卢芝高

卢芝高

出生年月：1946 年 10 月
籍贯：广东省潮州市
技艺：潮州嵌瓷

荣誉：

· 国家级非物质文化遗产（嵌瓷）代表性传承人
· 广东省工艺美术大师
· 潮州嵌瓷博物馆馆长
· 芝高嵌瓷艺术研究所所长
· 潮州市工艺美术家协会副会长
· 高级工艺美术师
· 潮州画院画家

一、古建世家　卢氏宗族

嵌瓷工艺在卢氏宗族世代相传，到如今已经传了三四代，卢芝高是第四代传人。卢氏家族是有名的古建筑世家，卢芝高自幼接受着这样的熏陶。当我们问起他什么时候开始学习嵌瓷时，他仰头回忆："我这不知道算不算是遗传基因，自打很小的时候就开始学做这些。又喜欢画画，太喜爱了！"

小时候，卢芝高的父亲反对他学嵌瓷："你爸做得这么厉害都赚不到吃的，你学了做什么？"然而他就是喜欢嵌瓷，一步步学下来，走到今天。

二、学习嵌瓷　甘于平凡

嵌瓷艺术的较量，实则师傅艺术涵养之竞技。"如果这个师傅对画画一窍不通，说这个师傅有多厉害那都是假的。"早在"文化大革命"时期，青年的卢芝高家中条件并不宽裕，没办法报名学画，只好自学。有一位做灰工的同事想拜名师，还要进送茶与烟，老师才抱病起来收了他。"当年环境不好，没有钱拜师，很辛苦，生活也是。"卢芝高感慨道。

嵌瓷真正发展起来，是在改革开放之后，宗庙的修复急需人才，但是"文革"使嵌瓷产生了巨大的断层（工艺品的破坏与传承的断层）。"我为什么有能力做到现在的水平？这不是说平时会，就是会的，需要有几十年的经验。虽然说当年没有嵌瓷，'文革'期间我继续做灰塑，做毛主席像，等于说间接在学习的。"也许就是这样的坚持，才让嵌瓷这门手艺得以延续下去。

"改革开放开始，做嵌瓷的活儿忙不过来。我这边做完，明天另一家来叫去做。那几年四处奔波，太辛苦了，但经济方面也有所改善。直到几十年前，我觉得不要了，因为我这一世人，都是在屋顶上晒太阳、淋雨。我的笔名为什么叫作'山石'？就是像山上的石头，日出被晒，雨来被淋。当初太辛苦了，现在不做了，让后辈徒弟去做，我画画（国画）。"

如今卢芝高把嵌瓷交给了他的 20 多个徒弟去做，许多徒弟已经自立门户，在外闯荡。而自从 2011 年成为国家级非物质文化遗产传承人开始，卢芝高便愈发觉得自己应承担起培养后辈的这份责任。

图 3-4 甲第巷民居上的嵌瓷

三、严师高徒　桃李芬芳

说起收徒，卢芝高有自己的一套审核标准。

“培养弟子就是，他来到这里与我相处一个月，我要求晚上不要去唱歌、不要去跳舞，他若说不行，那我就说不行就算了。要晚上可以不去唱歌跳舞，可以忍住，就来。

“学这种不是一朝一夕就会，需要十年的苦工才能入门，我学了几十年了，还不能叫作会。工艺的东西，艺无止境，越是学下去才知道路还遥远。如同老中医一样，农村的赤脚医生，开药开一堆，而老中医开药，一片药品还需要想一个多小时，是否有什么副作用，道理就在这里，起码十年苦工。还有一个就是画画，需要结合画画，与艺术修养相结合才能成。”

四、互相交流　美美与共

图 3-5 卢芝高作品《青龙古庙嵌瓷》

建立嵌瓷博物馆后，卢芝高与潮汕各地不同的嵌瓷大师有了更多的交流，潮州、揭阳、汕头、普宁，远到福建的师傅们都会过来参观。

“我这里为什么叫博物馆，博物馆就是不能只展我单人的作品，得有博物，有其他的作品，才叫作博物馆，所以就一人做一幅拿来展示。”卢芝高请不同的师傅制作一幅自己的作品，陈列于博物馆中，希望百年以后，人们来到博物馆看，可以知道原来嵌瓷可以做得这么好！

五、坚持传统　展望未来

图 3-6 卢芝高嵌瓷作品

卢芝高觉得，只有古法古制，才能体现出嵌瓷的韵味。

“我的嵌瓷做法，是按老传统，我这些色彩，头部的颜色全部用矿物质的，是以前老一辈做时用的颜料。现在呢，大多数是用化学性质的，什么丙烯、水泥漆，这些合理来说它们的寿命不会太长。我用矿物质的原料，永不变色，你三百年后去看它还是这个样子，跟刚刚做的一样。

“除了建筑装饰以外，厝顶、官庙、庵寺会使用嵌瓷，按现在社会的发展，以后可能会买这些去做摆件。类似这些盘子，做室内摆件、挂件，前景可能不错。但是这些没办法赚很多钱，因为太费工。还是怕这些传统工艺灭绝或断层了，所以辛苦点也要去做。”

访谈与整理人员：华南农业大学岭南民艺平台潮州嵌瓷工艺研究课题组

语录

——学嵌瓷不是一朝一夕就会，需要十年的苦工才能入门，我学了几十年了，还不能叫作会。工艺的东西，艺无止境，越是学下去才知道路还遥远。

——我的笔名为什么叫作「山石」？就是像山上的石头，日出被晒，雨来被淋。

——我搞博物馆，百年之后，大家来参观，能知道原来嵌瓷可以做得这么好。

图 3-7 卢芝高绘画作品

图 3-8 芝高嵌瓷艺术研究所（一）

第二节　芝高嵌瓷艺术研究所工匠名录

儿子卢顺生

现主要打理潮州市建筑公司事务，做古建修缮等工程项目。

“先保证工艺，把它传承下来。以前做嵌瓷呢，斗艺。如果一个祠堂或一个庙宇，我就分一半，我做一半你做一半，然后我们两帮师傅斗艺。也就是说这个我给你承包，一万块钱，我宁可亏本我也要赢你。你看我请到谁你也去请，斗艺嘛。现在没有，现在是一个人承包。”

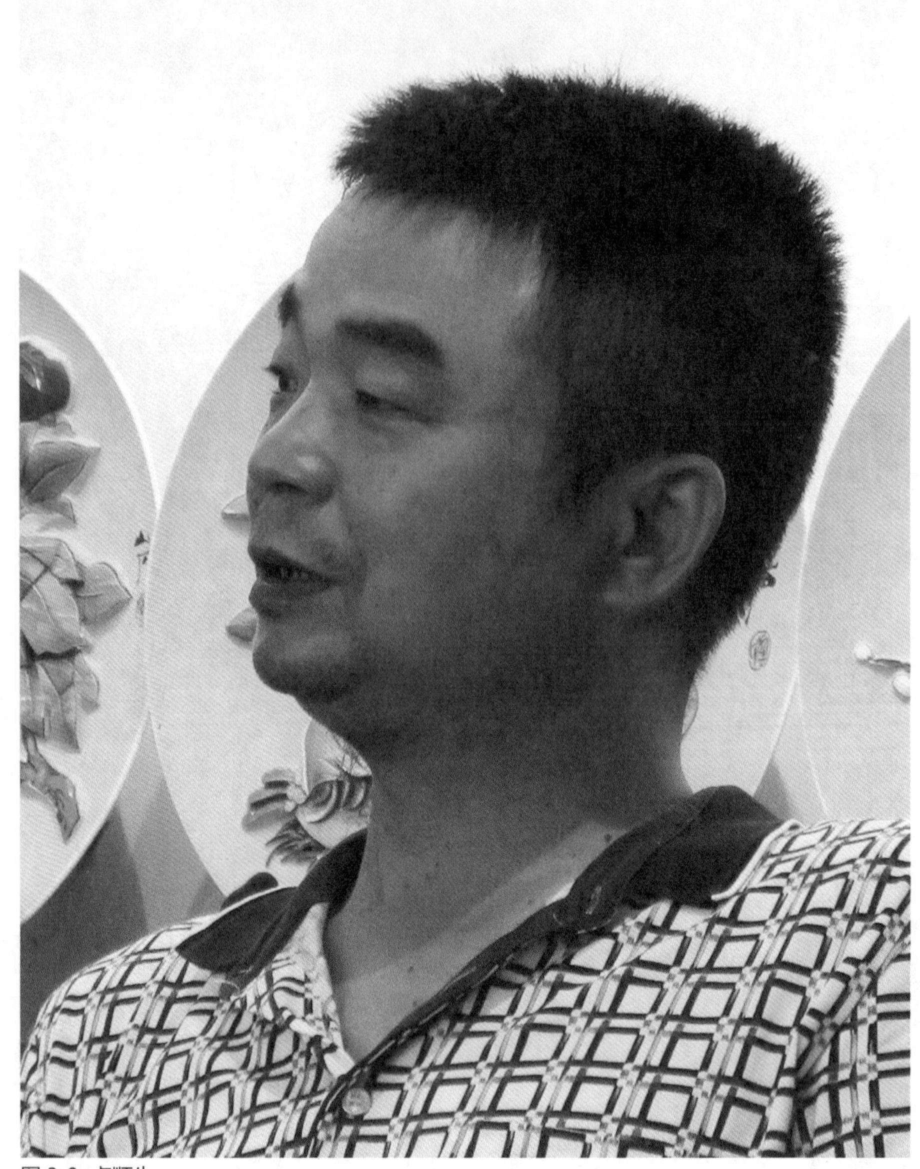

图 3-9 卢顺生

图 3-10 卢渤鑫

侄子卢渤鑫

生于潮州古建筑嵌瓷壁画艺术世家，卢渤鑫从 9 岁就开始剪饶，陆陆续续地学习嵌瓷。除了做嵌瓷，他还做过厨师、电工，现在也在做建筑。

这几年才正式开始做嵌瓷，现在是嵌瓷潮州市级传承人。

关于潮州嵌瓷的起源，他说："装饰在屋顶是只有我们潮汕地区才可以，北方地区是没有这条屋脊给你镶嵌嵌瓷的。因为这边以前台风很大，这样的建筑是古时皇帝特批的，特批潮汕地区可以做这样的建筑。"

对于自己的作品，"今天看了好像还可以，明天看了就不行，也有眼高手低"。他认为嵌瓷是学无止境的。

做嵌瓷，最难的是人物头部的刻画。"你要做那个人的表情出来，它是胖是瘦？是奸臣，是书生，还是其他什么？这个人要怎么做？要把他的形象想出来，要在头脑里就把它做出来。"

图 3-11 许名泰

许名泰

许名泰是卢芝高 20 多个徒弟里面最小的一个，今年 19 岁，待在嵌瓷博物馆已经三四年了。卢老师画画的时候，经常就是他帮老师洗毛笔，像书童一样。

在父亲的推荐下，许名泰选择了学习嵌瓷。“不是不想读书，我那时候成绩还可以，肯定可以考上高中。但是我爸说出来学一门手艺也好，最终也是出来适应社会找工作，所以让我早点学习嵌瓷，以后就更方便找饭吃啊。”

卢芝高老师如果在潮州，许名泰每天都会过去看一下他。“他有时候会夸人，有时候也会骂人，该骂就骂，你做得不好他会跟你说哪里不好，这几天怎么怎么样。”

“三年前一开始最基础的就是练剪的过程。一开始剪的话肯定会割破手，会长茧子，手会很酸痛。我也是剪了几个月，（大概）半年。最基础的要剪到合格的一条至少像萝卜丝，那些孔雀的羽毛最小，越细越难。如果你能剪到那一种（程度）的话，基本上就算及格。”这是一种对耐心的考验。

说起机械与手工的不同，许名泰更相信手工剪制的瓷片更加富有生命力。“机械切割瓷片易碎，但是机器割出同一个形状时不浪费。钳子剪出来的有立体感，切出来的死板。”制作嵌瓷不是一锤子买卖，如果发现不满意，修修改改也是必要的。“嵌瓷的构图肯定要有，客人觉得不行就再改，做完有需要也可以卸下来，用工具弄下来，清理干净再把它粘上去。”

“最难做的地方就是头部，属于灰塑。”许名泰说，“自己还是一个初学者，有去接触。但做得很好的还没有，因为这些不能一下子就能学会的嘛，要一步一步来，从基础学起。”“现在规划的第一步就是学好手艺呀！”“一开始会觉得很难的，但觉得既然来了就好好做下去。”“首先你得有兴趣吧，比如说让你做一件事情，你肯定说做你喜欢的事情，但是最好的就是能保持良好的习惯，贵在坚持。”

“以后会考虑做这些现代嵌瓷，如果达到那个技术可以去做（创意小工坊）。因为嵌瓷技术也要达到一定的程度，才可以做一些现代的，到时候可以去考虑。但现在的话你得先把技术学好，才能去考虑那些，别想太多没用的，先学好，要一步一步来。”现在，许名泰只想学好自己的基本功，业余时间会有小尝试，比如做了蜡笔小新卡通嵌瓷。“但是现在还是需要有一些稳固的基础，不能说一开始就想这想那的。作为一种乐趣吧，因为首先你得有嵌瓷这个技术。”

访谈与整理人员：华南农业大学岭南民艺平台潮州嵌瓷工艺研究课题组

图 3-12 嵌瓷

第三节 工艺制作流程（潮州嵌瓷）

嵌瓷俗称贴饶或扣饶，是潮汕地区独具特色的建筑装饰艺术之一，主要做法是在灰塑塑型坯底外表用各种颜色的瓷片进行装饰。多作为传统建筑的装饰或供欣赏的摆设。

一、粗坯制作

图 3-13 粗坯

二、剪瓷

按要求用钳剪出形状各异的各种瓷片备用。

图 3-14 剪瓷

三、贴片与灰塑

精细打造头部与手部动作。后用特制的糖木灰通过平饶、聚饶、革饶的方法将剪好的嵌瓷粘贴于粗坯上。

图 3-15 灰塑

四、微调

根据需要进行贴金、描银、钩线、描绘等。

图 3-16 描绘

图 3-17 嵌瓷作品

语录

图 3-18 芝高嵌瓷艺术研究所（二）

卢渤鑫——我就这样做这个人头，这个人头做好了，放在旁边看，再重新做一个人头。没有一模一样，不是找不到感觉，是不可能有一样。

卢顺生——也确实是要做这些实际工程项目，不然单靠嵌瓷本身也很难。

许名泰——首先你得有兴趣吧，比如说让你做一件事情，你肯定说做你喜欢的事情，但是最好的就是能保持良好的习惯，贵在坚持。

图 4-1　金子松作品《红楼梦·大观园》

第四章 金子松

国家级非物质文化遗产名录潮州木雕项目省级代表性传承人

「文化本身是供大家的，但手艺是一家的。」

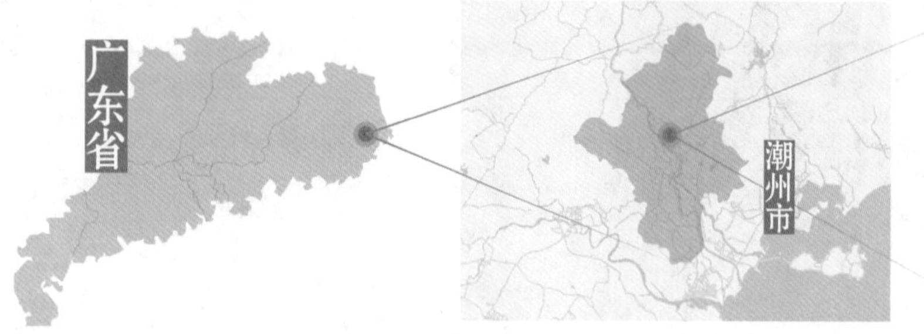

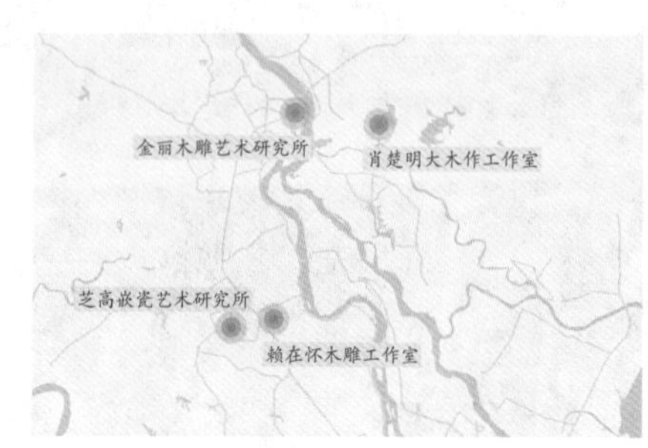

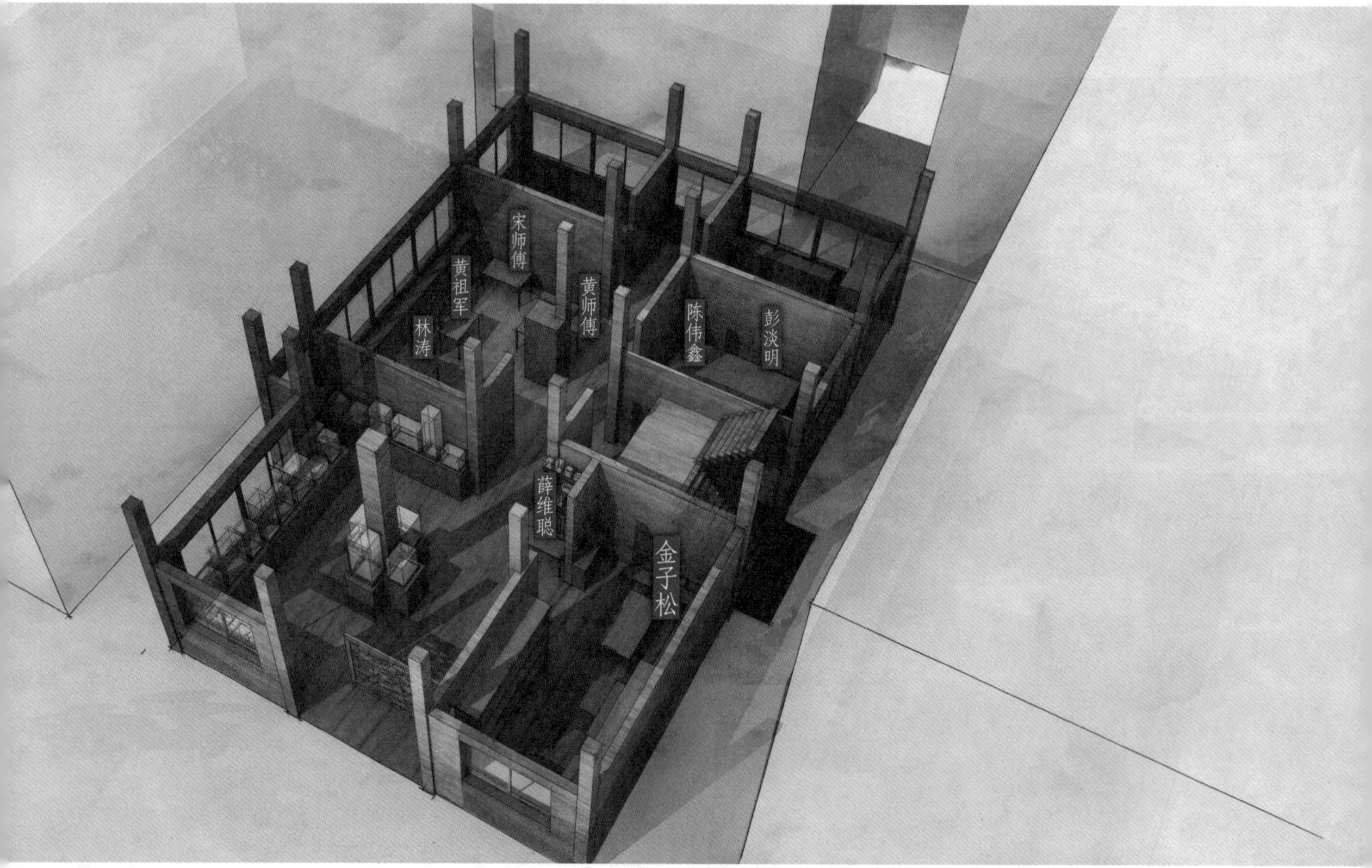

图 4-2 金丽木雕艺术研究所

第一节 金子松及家人口述

金子松

出生年月：1956 年 1 月

籍贯：广东省潮州市

技艺：潮州木雕

国家级非物质文化遗产名录潮州木雕项目省级代表性传承人，自幼喜爱美术和民间艺术，1973 年考入潮州市工艺美术培训班。

图 4-3 金子松

一、从事木雕工艺

“潮州工艺美术公司（20 世纪）60 年代开始培养学生。但是 1972 年开始，出口东南亚（的产品）都是国家接的单，就是国家出口公司接的单。量就很大，‘文革’以后就断层了，就收了我们这一批学生。我们当时是几百个人，然后又分配到几个单位。”

经过培训 3 个月后，因舅舅的一句话“薄技随身，那你以后就不怕饿了”，且觉得木雕应用范围广，金子松填志愿就选择了木雕。

他们从浮雕、沉雕开始学起，一年后就开始独立去做出口的产品。他说身为学生，那时候大家都很勤奋，趁着晚上老师不干活儿的时间去看老师做的半成品，希望从中得到启发。

“我们每天晚上自己就到厂里去，你手上是什么活儿就都拼命去看老师傅是怎么做的。因为白天大家都在做，你看不了的。120 个学生，差不多 4 个老师，4 个大班组就是 4 个老师。然后老师做的是什么，我们白天怎么能全部看得到，就晚上吧。”

图 4-4 金子松木雕作品（一）

二、1976 年 生产拉练

1976 年生产拉练，他得到升工资的机会（四级工资，比例为 2%），所以当时工厂每样产品第一件成品都是由他经手设计创作的。当时的生产需要适应整个环境，政府出口贸易，创作题材规定是庆丰收、各族人民大团结等，不能做旧的题材。

"一个单子整个厂可以做半年。那时候任务制就很好，大家搞生产拉练。因为图纸是我设计的，作品是我第一个做的，所以肯定做得熟练，速度也就快。师父就是培训我们的功底。往你的爱好方面去发展比如做人物，就开始研究他的表情、动态、姿势。对这方面开始投入研究后，再去深入积累。

"1977 年恢复高考。我是 1972 年毕业的，那时候封顶就是高中，没有可以考大学的。我印象最深的就是我当时是四级的工资，我们这些就可以去考，我想去。因为家里我最小，最小工资又最高，家里老是说不要去啦。"

三、1976—1983 年　从居家到佛寺再到建筑事业，全部尝试了

1978 年，这时候应该说是木雕产业最鼎盛的时候。潮州木雕厂效益好，量大但做得不精。此时出口已经可以做东南亚等需要的土地爷、八仙等题材，但不允许国内销售这种题材，所以只能外销，由出口公司包销。

“这个年份（1978 年）国家政策上已经开始对外接轨了，国内本身的文化从国外回到国内了。就是整个东南亚华人本身也需要我们传统的文化，但是传统的文化方面的手艺又没有，国家允许和华侨做生意，就又有新的接单让我们去追求这些原本传统的东西。”

过去老师傅是靠头脑记忆，然后用粉笔在木头上画轮廓来做木雕作品，没能留下图纸供后人参考，十分可惜。而当时作为新生力量的他们，感受到了自己的使命。

“我们当时用复写纸复出来留住，若画得好，在雕的时候也可以去对照，演变到现在已经是很完善的过程了。就是刚才给你们看的这些图纸，（复写的）就贴在这个板上，然后图纸我们就留住了，也可以一边雕一边看图纸。培养一个熟练工人时，工人雕的时候就有一个依据了。当时我们这帮人就做了这一方面的贡献。”

1978 年开始，国内一些大企业、大酒家也开始繁荣起来，他们也开始往建筑这方面发展，包括居家、佛寺等方向。

“这八年（1976—1983 年）的时间全部让我们尝试到了。这个尝试就是一个练习、一个提高、一个积累。”

“到了后来就带班了，带班去佛山的祖庙等，去修缮这些古建筑，这又是一个大门类。我们这班人就是我带班的。”

图 4-5　金子松木雕作品《虾蟹笼》

图 4-6 金子松印章

四、1978—1983年 修复开元寺

1978年，金子松带20人的班组去开元寺修缮古建筑。由于历史工艺上的断层，他们很难找到资料参考。幸好当时还有开元寺的和尚在，可以提供物件、记忆等作参考。这些和尚还还俗到工艺厂做工，1983年开元寺恢复，再回寺继续修行。

“1978年回来修复开元寺的时候，我的师父就指定要我去，还一定要带这20个人去，这20个人就跟着师父一起去了。然后师父就坐在那边，我们不懂该怎么做的，他也就指导一下。”

他们有美术功底，而学美术有许多窍门，例如利用两张复印纸就可以轻易地描绘出正反两面的图纸。由于佛寺梁柱上的很多木雕作品是成对出现的，如果剩下单件，就可以利用对称原理做出相对应的另一件。他们利用梯子爬到建筑高处，坐在上面，描绘出剩下的样品的样式，下来后就把它描成对称的。描图也是一个积累的过程。

修复开元寺是辛苦，但修复古建筑的学问很多。在这个过程中，他们学到了很多，积累了很多，但同时匠人们也惴惴不安，时刻考虑着往后生计问题。中国就四大开元寺，当四个开元寺都做完了要做哪里？所幸的是，后来神庙也可以做了，紧接着祠堂也可以做了。

图 4-7 金子松讲解作品

五、1984—1994 年 “要找米下锅”的艰苦岁月

1983 年，金子松已经八级工资封顶了。修完开元寺回厂，他发现木雕厂已经关门了，到处都是灰尘。当时行业开始出口（限制），可能因为马来西亚政治国际纠纷问题，出口公司已经不下单了。因为无单可接，木雕厂的维持就靠着厂里几个班组的领班到处找活儿干。为了生活，他转到彩瓷厂，设计花纹做胶印，一晃就是十年光阴。

“那时候是厂里没活干。当时我们潮州木雕厂一共是 12 0个美术生，都改行了，做不了了。”

1984 年，他创立了金子松传统木雕工作室，带着八个同事下海，到乡下找活儿，十分艰辛不易。需要买香烟用来和上了年纪的老人取经，了解以前佛像等物件的具体形象是怎样的。当时他们计件接活，如果做错了，对方就不付账、不给工钱。

“1984 年后，农村祠堂开始恢复修建，因为人文文化在这里。从宗祠到分祠，再到中庭、到自家的，有一个层次、辈分系统。这里面学到的也很多。当我们独立去接活的时候，这些学问就很多，一个龛里面有多少神祖、尺寸是多少，鲁班尺（怎么）对应。”“一定要对版，如果你做的不是上了岁数的老人的记忆中那样的，你就接不了活儿。就是现在也是这样。”

1988 年农村宗族老大来监工验收，其行头和架势吓到了金子松年纪仅 5 岁的大儿子。同时，因在家工作、开料等，金子松也遭到城管及近邻投诉卫生问题。在当时，这个行业仍不被理解。

1984 到 1994 年间最艰辛的就是要到乡下找活。偶尔也会碰到经人介绍来的出口单，如出口马来西亚、新加坡、泰国、日本等，出口以佛寺的佛像居多。作为“地下工厂”，做雕佛像、神像还有可能被抓，金子松及其同事也曾经被居委会没收过工具。在这个时期，他们一行人的口号是“要找米下锅”。

六、1996—2000 年　老客户找上门，生活有了转折

图 4-8 金子松木雕作品（二）

1996—2000 年，马来西亚、新加坡、泰国、日本等老客户找上门，金子松的生活开始有了转折。

1999 年为马来西亚拿督府设计制作的规格 300 cm × 350 cm × 225 cm 的大型挂屏金漆木雕《红楼梦·大观园》，赚得一百多万美元外汇存在银行，但因不懂金融管理，美元汇率下降，又亏了。

“当时就傻啊。我又不懂，也不会搞经济，钱进来就塞在那边（存在银行），我继续干活儿。”

环境影响人的心情，从而影响人的思维和精神状况。环境不好，做出来的作品肯定也不好。金子松决心要找个自己的地方来干活儿，因为环境好一点，那么大家心情好，做出来的东西水平也就高一些。一九九几年的时候，他将 80 平方米的祖屋从瓦房改建成三层楼房，一层给哥哥住，一层自己住，底层干活。

七、1999—2009 年　场地的拍卖、购置，谈了整整十年

“为什么我的很多前同事不能发展，就是前期头脑中没有概念，我们干活儿一定要有自己的工作室。我当时是被逼的。为什么呢？我们找的活儿要到现场去做，木工活就在祠堂旁边没有建好的地方，或者在空地里搭个棚，我们在里面做。老是这样跑，很多人跑不下去了就放弃了，太苦了。”

金丽木雕艺术研究所（图 4-9）所在地之前是一家银行，金子松在这家银行存款，他听说这家银行要搬走，就想把它买下来。“现在社会也可以接受木雕，我就有第二个思路，就把这个地方买了下来。”

图 4-9 金丽木雕艺术研究所（2016 年）

图 4-10 课题组成员与金子松合照

八、现在

金子松现在是金丽木雕艺术研究所所长。

金子松说现在因为整个国家层面上的修复工程都在找一些有积累有手艺的工匠去做，所以现在干他们这一行的人生计也不那么难了。

金丽木雕艺术研究所保存了花鸟、人物、虾蟹篓等题材的屏雕、立体摆件。金子松把潮州各门类的木雕都尽量保存好，让大家看到潮州木雕的手艺。

“这里保存比较好的就是人物屏雕。”没有几十年的功底是表达不出木雕人物本身的一些动态表情的。“已经很多师傅都不想做它了，因为成功率很低。如果人物脸开歪了，或是一个手指断了，它就不成功了，没得改了。”

关于传承，金子松说：“我自己就是潮州社会上的一个传承人，我不会单一说我的一个家传什么，我没有。文化本身是供大家的，但手艺是一家的。我自己的手艺是把几家的都融合了起来，几大门类的都有。”

现在政府在金丽木雕艺术研究所挂了两块牌，“一个场地本身，已经是广东省非遗保护基地了，又来了一个广东省生产线示范基地了”，得到社会广泛的认可。

木雕民间工艺也开始走入校园。现在，金子松也有在韩山师范学院授课。“现在这边几个门类都有去讲，大师工作室我领行进去，然后就分配大家去讲。”“所以我的理念就是（带动大家）愿意做社会教育，那就是我们的收获。”如今木雕得到宣传，更多人认识了木雕，不少年轻人看到了木雕的好，学校也更认同传统工艺的教育价值。

“传承也是我们的一份责任。怎么把它与生活真真正正地平衡，能够你做你的学问是能过日子，他做他的木雕也能过日子，这个社会就差不多了。”

图 4-11 金太太

图 4-12 金子松之子金桢锴

九、亲属

20世纪80年代，金子松经彩瓷厂同事介绍结识妻子洪丽芳，金太太当时在商场上班，现在59岁。退休后，学习贴金并帮忙看店。

金太太说起那段艰苦岁月："那时候没什么才华，做工慢慢一点一点地积累。就是每天回到家里晚上有时间都做神庙那些东西，那时候都是自己一点一点慢慢去搞的。晚上就回家自己敲打，做到11点。那时候白天每天上班，很辛苦。他是很辛苦，他真的是很辛苦，自己也很努力，没有努力也没有今天。"

大儿子现在31岁，跟着父亲过过苦日子。金子松回忆道："他当时是怕我没有钱供他上大学，不看好这行业，觉得这行业钱很难赚，肯定赚不了供他上大学的钱，但最终还是有了啊。"大儿子终没有辜负父母的期望，中山大学微电子学专业硕士毕业，现在在深圳华为工作。

小儿子金桢锴，21岁，在广州大学读书。他放假在家看店，学习木雕，自己尽量帮忙。父母老了，他希望他们能多休息一会儿。"你们有没有见到街上那些人力三轮车。我爸说以前真的接不到活儿的时候就准备去踩那个，真的。在那个时候他们是真的没有工作，找不到活儿，想办法去接点工作，像彩瓷的那个。"金桢锴将父母的不易看在心里。

金子松自己从事木雕工艺34年，深知这行的辛苦。对于自己孩子是否从事木雕行业，他的看法是术业有专攻，只要他们在自己爱好的领域学得好、学得专，就可以了。"就看他们自己的爱好，我本身这种爱好，也是当时觉得'薄技随身'。但是现在不一样了，现在如果没有要发展行业的想法，要守住这一点点不容易。"

十、语录

金子松——文化本身是供大家的，但手艺是一家的。

——「爱好」本身太多，社会上太多诱惑，现在手机打开什么都有。我们要理解，但这种「爱好」能够成为专业吗？

——做木雕，就靠头脑跟手。每一刀动的时候，脑子就先到位了，先想怎么做，再一刀下去就敲定了。

金太太——我老公是大师，但他的作品没有卖大师价。

——现在年轻人肯定得吃苦。你不吃苦是不行的。

金桢锴——你不想读书才来做这工艺，那只能说，你学知识积累的东西还不够。

图 4-13 金家合照

第二节 金丽木雕艺术研究所工匠名录

（一）黄师傅

55岁，江西上饶人，已从事木雕工艺30多年。

十几岁在老家江西从老匠人那里学到了手艺，后来到工厂工作。“哪里好赚钱就跑到哪里去”，到过浙江、福建多个地方做木雕，在潮州待的时间最长。

一直跟着金子松做人物屏雕。“我们年纪差不多，一边做一边慢慢研究，就是这样。”

全家七八口人都是在做木雕，包括老婆、两个儿子、一个女儿、儿媳妇。

“真的想学的话，就真的要坚持吧。”

“习惯了就不是很难。”

图4-14 黄师傅

（二）黄祖军

江西上饶人，为黄师傅的大儿子。已经从事木雕工艺十多年。

一开始不想学，被爸爸逼着学，刚从学校毕业时坐不住，做了两年才习惯。

“会一直做这行，哪里有钱往哪里跑。”

当提及到磨刀时，他说：“磨刀是最难磨的，像我现在都不想磨刀。用手磨，用磨刀石磨，磨刀是最累的。比那个雕刻都累，磨一下，你手都要起泡。”

图4-15 黄祖军

图 4-16 彭淡明

（三）彭淡明

64 岁，广东潮州人，已从事木雕工艺 43 年。

初始时在木雕厂做工，和金子松差不多是同期的，觉得这行辛苦。

（四）程伟鑫

32 岁，广东潮州人，已经从事木雕工艺 14 年。

初中毕业没有事情做，“小时候喜欢雕刻泥子，（觉得）为什么不能做木雕呢？”2003 年进入木雕厂，跟着金子松学习木雕全过程工艺（包括油漆、贴金）至今。

图 4-17 程伟鑫

（五）宋师傅

39 岁，广东潮州人。已从事木雕工艺 19 年。

“当时是想这个没有很复杂，觉得好玩好看，有兴趣。以前读书的时候也会画画。”他选择入行，17 岁在亲戚家的厂里学习圆雕，入行已有十来年。

“你在一个地方待久了，这个地方的东西学得差不多了，就没有什么好学，就无聊了。”后来他结识了金子松，“有一个老师愿意教我就过来这里了。”他当起金子松的学徒，在研究所里学习屏雕。

“我们现在就是在坚守啊。”

图 4-18 宋师傅

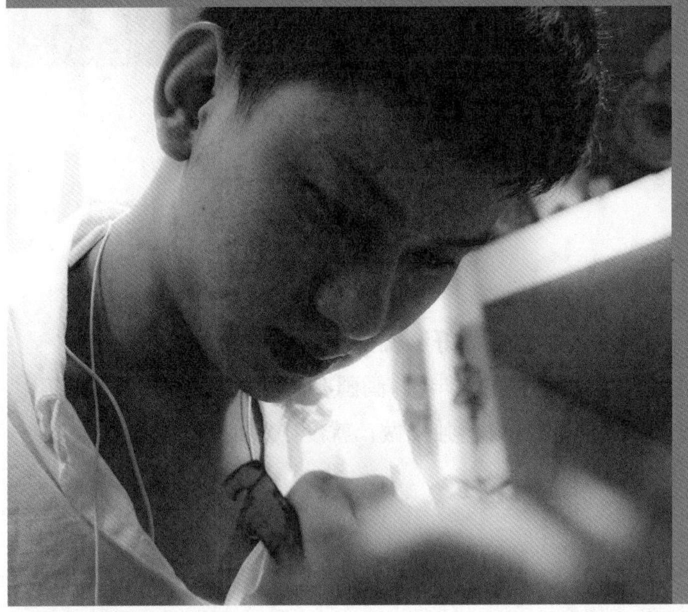

图 4-19 林涛

（六）林涛

32 岁，江西上饶人。已经从事木雕工艺 17 年。

因为家人说学木雕比较好，轻松，不用晒太阳。他 15 岁在江西懵懵懂懂地开始学木雕，18 岁来潮州跟黄师傅学习。

他觉得“拿工钱的时候最有成就感。”

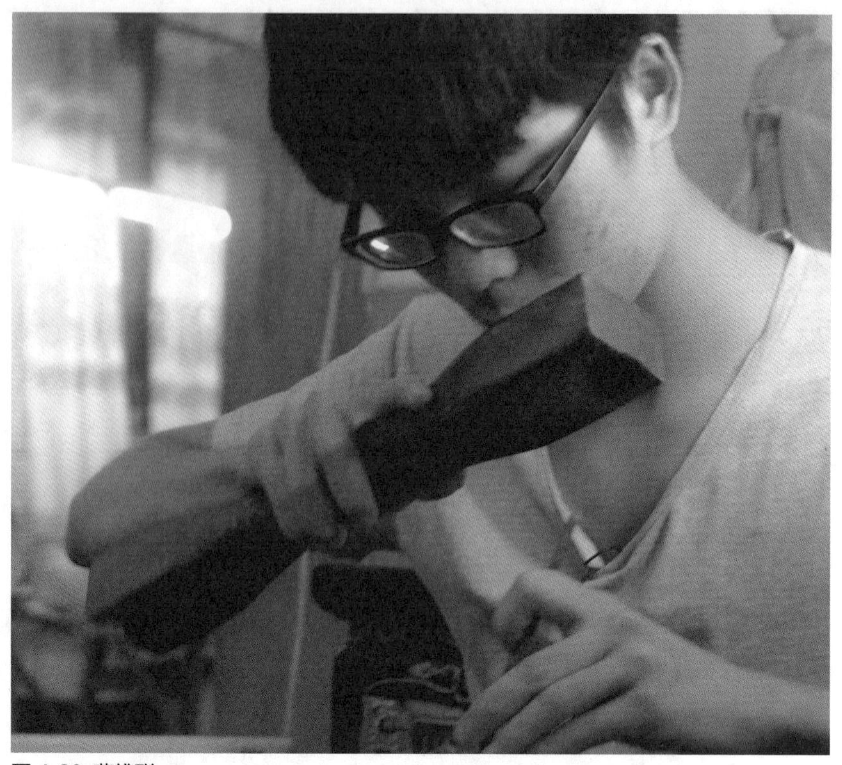

图 4-20 薛维聪

（七）薛维聪

23 岁，广东潮州人。从事木雕工艺两年半。

其为金子松同事的儿子，从小喜欢画画。毕业没事做，对木雕感到好奇就留下来了。

“一开始来到这里先画画，在家里画了一年，之后来这里画了差不多半年。画画期间就磨刀，得先学习磨刀。”

将来打算独立做木雕，“如果你不会画画的话，如果将来你要自己独立做，就没办法自己设计图形”。

访谈与整理人员：华南农业大学岭南农艺平台

潮州木雕工艺研究课题组

语录

宋师傅——你在一个地方待久了，这个地方的东西学得差不多了，就没什么好学，就无聊了。

程伟鑫——小时候喜欢雕刻泥子，为什么不能做木雕呢？

黄祖军——磨刀是最累的。比雕刻都累。要用力磨下去。磨一下，你手都要起泡。

黄师傅——真的想学的话，就真的是坚持吧。

薛维聪——如果你不会画画的话，如果将来你要自己独立做，就没办法自己设计图形。

林涛——拿工钱的时候最有成就感。

图 5-1 潮州木雕

第五章 赖在怀

潮州市工艺美术大师

「每个人都一样，你要做到老学到老，什么东西（的学习）都没有止境，它每时每刻都要求提高。」

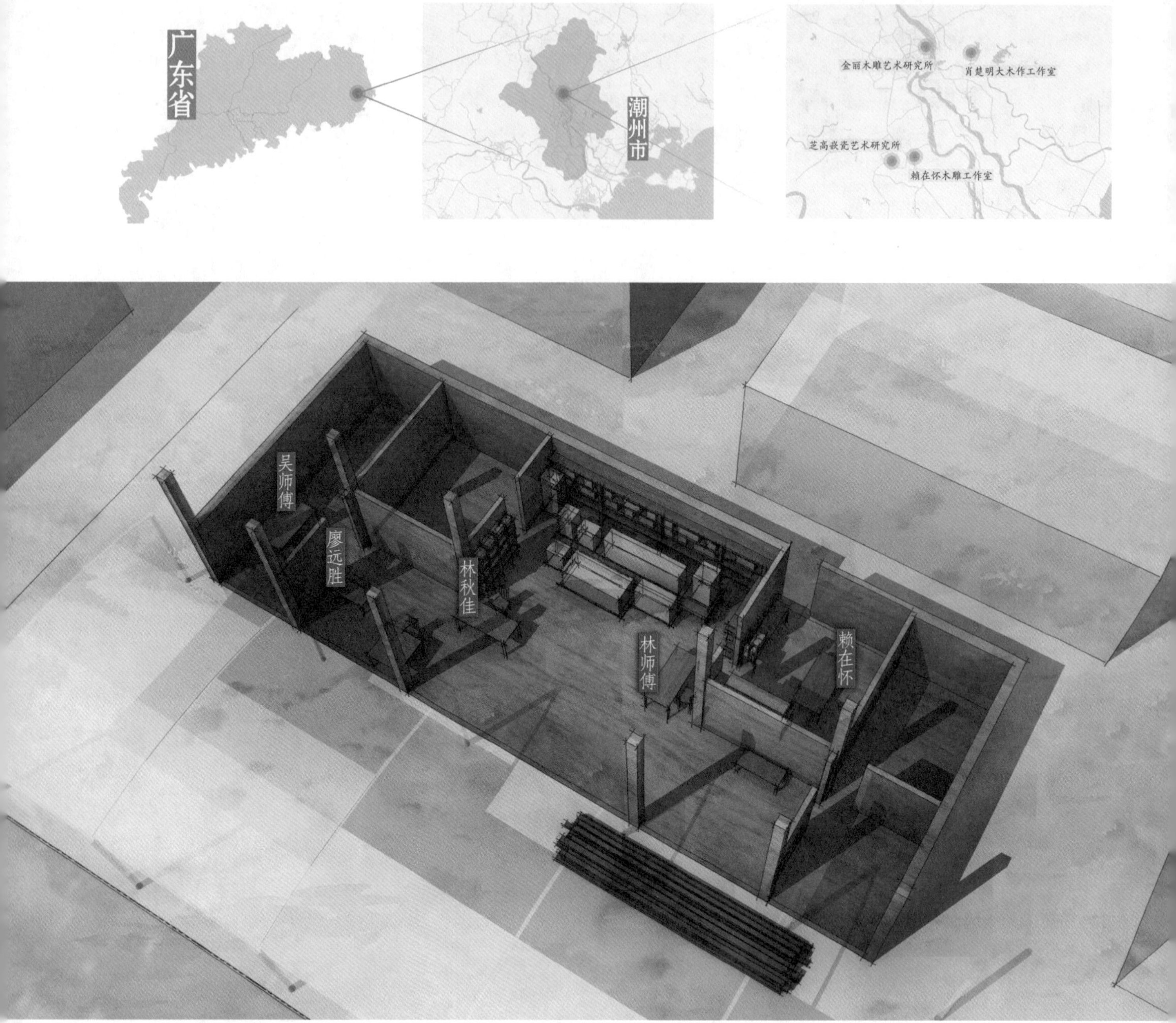

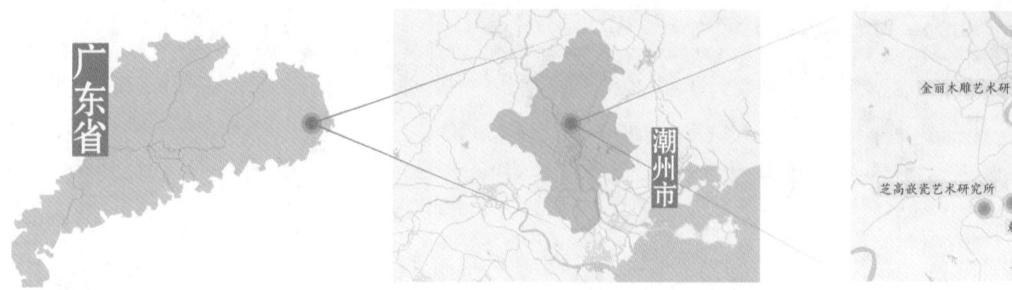

图 5-2 赖在怀木雕工作室

第一节 赖在怀口述

赖在怀

籍贯：广东省潮州市
技艺：潮州木雕

潮州市工艺美术大师，出生于潮州市金石镇的一个木雕世家，祖上五六代都是从事木雕工作。

图 5-3 赖在怀

一、木雕世家

潮州市工艺美术大师赖在怀，出生于潮州市金石镇的一个木雕世家，祖上五六代都是从事木雕工作的。耳濡目染之下，赖在怀从小就喜欢雕刻木头，但父亲却不让他做这个。“我爸爸他这个人就这个样子，以前他做活儿的时候他的工具都不让我看，他把他的工具看得非常地重。”他实在喜欢，所以就去帮堂哥做些零碎东西，也经常看了父亲的作品后晚上自己偷偷摸索着照着做出来，“看我老爸做一件东西，我想把这个搞出来看看，他不让我干，晚上我自己就偷偷去做，小时候在学的时候经常这样。”边做边学，到了 17 岁时，他就已经能够独立做一些简单的活儿了。

图 5-4 赖在怀木雕作品

二、家具起步

17 岁起，赖在怀就跟着父亲到外面做工，那时候做家具为多。兴趣和性格所致，他对做木雕十分有耐心。“我们做这个有时候一天是十几个钟头，只稍微休息一下，整体用一个工作台、一个木板、一些工具就这样子做了。”20 出头的他，连续几年都是一直长时间坐着。“我从差不多 17 岁就跟我爸出来，大概到二十几岁，那几年一直长时间这么坐着，就是早上起床吃饭干活，中午吃饭、睡觉，下午继续干活儿，晚上干活儿、睡觉这样，好几年一直这样。”

图 5-5 赖在怀木雕藏品

三、摸索创新

图 5-6 赖在怀示范木雕雕刻

提起木雕的学习，赖在怀说道："一般做这个要有悟性和感觉，如果你没有这种悟性和感觉，你再学几十年都做不了。做这个就是要胆大心细，从整体构图开始，哪里要去掉，哪里要保留，头脑思维要好，该去掉的地方一定要去掉，才能做好。""懂的人不会看你的宣传，他会看你的作品怎么样。"他忧心于社会日渐浮躁的脚步，坚持守着老一辈的工艺，但也在不断地探索与优化。"现在是市场化，如果市场需要的话有些会这么（照着市场要求）做，但是从一个艺人的角度来说，还是要坚持自己。"

四、技艺传承

从少年时代做家具到如今的文物修复，赖在怀始终痴迷于木雕创作，时常跑到各种老宅里观察留下来的优秀作品。即使到大城市，也不爱去接触新的环境或者结交新友，除了木雕外基本没有其他爱好。"但是有一些人说我性格不好，说我性格比较偏僻，不爱说话。"对待木雕，他认为就应该静得下心来去做，不过他说现在还是没有做到一件令自己非常满意的作品，"每个人都一样，你要做到老学到老。什么东西（的学习）都没有止境，它每时每刻都要求提高。你不管做到什么样，过一段时间都会觉得每一幅作品都不好，还是会觉得有地方需要改进，这个是非常正常的事情。"提到传承，他也遗憾现在肯认真学的年轻人越来越少了，"真的好想再培养一些这些人，现在如果没有培养，真的，人（传承的人）非常少。"在收徒方面，他讲到以前的徒弟要跟师傅学满三年六个月才能出师，而他现在的要求已经不那么严格了，只要徒弟肯学，他就教，"这个手工我自己觉得还是要坚持下去"。

访谈与整理人员：华南农业大学岭南民艺平台潮州木雕工艺研究课题组

图 5-7 潮州木雕工艺研究课题组成员与赖在怀木雕工作室成员合照

语录

——一般做这个要有悟性和感觉，如果你没有这种悟性和感觉，你再学几十年都做不了，做木雕就是要胆大心细。

——现在要边做边学，每个人都一样，你要做到老学到老。

——现在社会发展的步伐很快，有些人做工又做得不怎么好，懂的人不会看你的宣传，他会看你的作品怎么样。

——为什么只说传承呢，现在要在传承的基础上去改革创新。

第二节 赖在怀木雕工作室工匠名录

（一）陈美光

62岁，广东潮州人，从事木工行业30多年。

“造船古建做木业，相伴木头几十年，名副其实一樵子，陈美光。”这是陈美光师傅的微信个性签名。他笑着打趣说自己相伴木头几十年，好像天天都在砍木头一样。

因上几代是做造船的，陈师傅从七八岁就开始刨木头玩，到20多岁时就独立出来造船了。造船业被淘汰后，他就去做木工，边请教别人边自己摸索，有了木工的基础后，就做家具、祠堂、神龛、屏风、龙舟等等，可谓是一直都在和木头打交道。“做木工的东西，一般人没有跟我一样会做的这么多。”

图5-8 陈美光

陈美光师傅说，几十年以前，做生意的人没有现在这么多，除了工夫钱之外就没有什么钱可以赚，因此以前都是赚工钱。问及做木工的人有多少，陈师傅说："做这种的都是有一定岁数的人，以前潮汕地区做工的很多，现在没什么年轻人在学。像做石工，都是60岁以上的人，或者是福建找过来的人。这里只剩下上年纪的人在做，找外地人来，他的做法不一样，要很久才能适应。如果一年少一个人，那明年就少一个人了。"

对于学习木作，陈师傅是抱着"师傅领进门，修行在个人"的想法，"你不管去学哪种手艺，其实就跟读书一样，老师只教我们认字写字，那以后的文章是不是你自己去组织写？有没有做工的手艺，还要靠脑子思考，不仅要学，还要多看书，丰富自己。"

谈起与赖老师的结缘，他说是以前收了一个活儿，想找个木雕师傅，一个木工师傅把他介绍给了赖在怀的父亲，随后发现与他父亲性格合得来，他们都是"一个东西做下来都是为了追求把那个东西做到最好，把它做完美，并没有想做赚大钱的事情"。

陈师傅做了几十年，他说30多年前村里有几十个人做木工，现在只剩下他一个人在做。"那些人都是后来没有活干就慢慢转行了。我是比较讲究质量，人家印象好，所以工作不断，才坚持到现在。"

图5-9 陈美光谈木雕

图 5-10 廖远胜

（二）廖远胜

江西上饶人，从事木雕工艺十多年。16 岁开始跟叔叔学木雕，在老家做了十几年，后又到赖在怀木雕工作室做了几年。

廖师傅是朋友介绍来赖老师这边做的，他说：“我们做事都是跑来跑去的。”一件作品基本上是一人从头到尾自己完成，时间长短看需求，“做粗一点就快一点，细一点就慢一点”。

他告诉我们各地的工具是有区别的，比如潮州本地的工具（刀）没有柄，用木槌打，是木打铁；浙江和江西的都是木柄的，用铁锤打，是铁打木；福建那边都是铁柄的。各个地方风俗不一样。

图 5-11 林师傅

（三）林师傅

47 岁，广东潮州人。19 岁和表哥赖在怀一起学习潮州木雕工艺，从事潮州木雕工艺至今 28 年。

“每天都在做，没有放假。做一件作品的时间不固定，难易程度也不确定，不是做花鸟就时间短，也不是做人物就时间长，而是看你要做到什么程度。像这一块，一个半月可以收官，一个月也可以收官，甚至半个月也可以收官。不一定嘛，没有说什么就是难，什么就是容易做的。”

林师傅说做木雕的女性很少，因为体力问题，做这种工很累，早上一起来就坐在那里做，待到中午吃饭，吃好饭了就休息一下，下午两点就又是待在这里到六点，如果晚上加班就六点半到九点半。“平常没有做过的话，就算不用干活儿，叫他坐在这里，时间这么长都很累。”

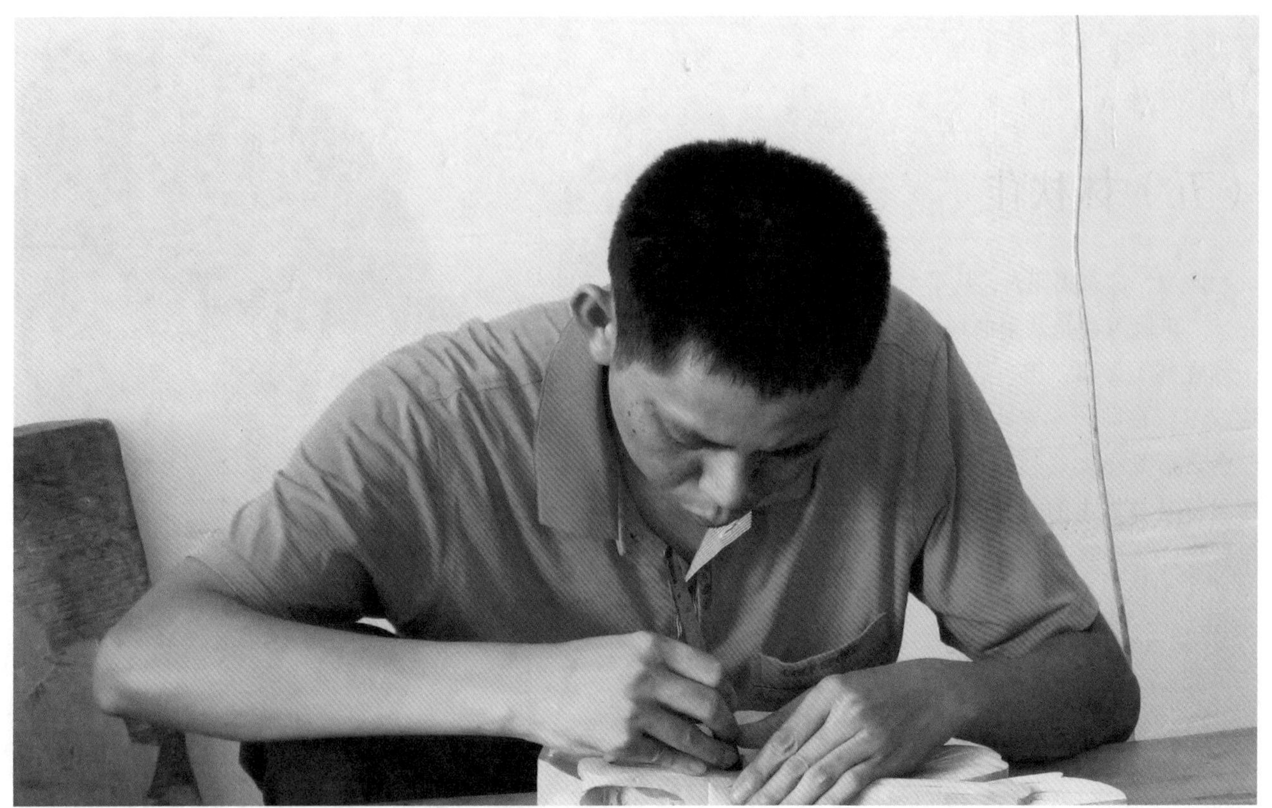

图 5-12 吴师傅

（四）吴师傅

潮州饶平人，从事木雕工艺十几年，来赖在怀木雕工作室 15 年左右。

十七八岁时跟着饶平县城的一个老师傅（师傅本来就在潮州学的）学做家具，学了三年多就来这边学习木雕，朋友介绍来赖在怀木雕厂，没有固定某一工序，需要做什么他就做什么。

他说老家饶平那边基本全部机械化生产，他喜欢做手工的，喜欢做花鸟类多一点。“机器做起来不比手工的好，我就喜欢做手工的，手工的做起来就比机器好很多。机器的做起来就不好看，看起来死板，那东西一点都不灵活。”

（五）林秋佳

27 岁，广东揭阳人，从事木雕工艺 6 年。

“其他人都是从别的地方学了过来这边给他（赖在怀）做事。因为这一行很奇怪的，学会之后就不想在同一地方做了，会跳槽，可能在这里学会之后觉得太熟悉了。其实是一样的，你走到哪里都是要做事的。我还是没有想法，继续在这里做吧。”

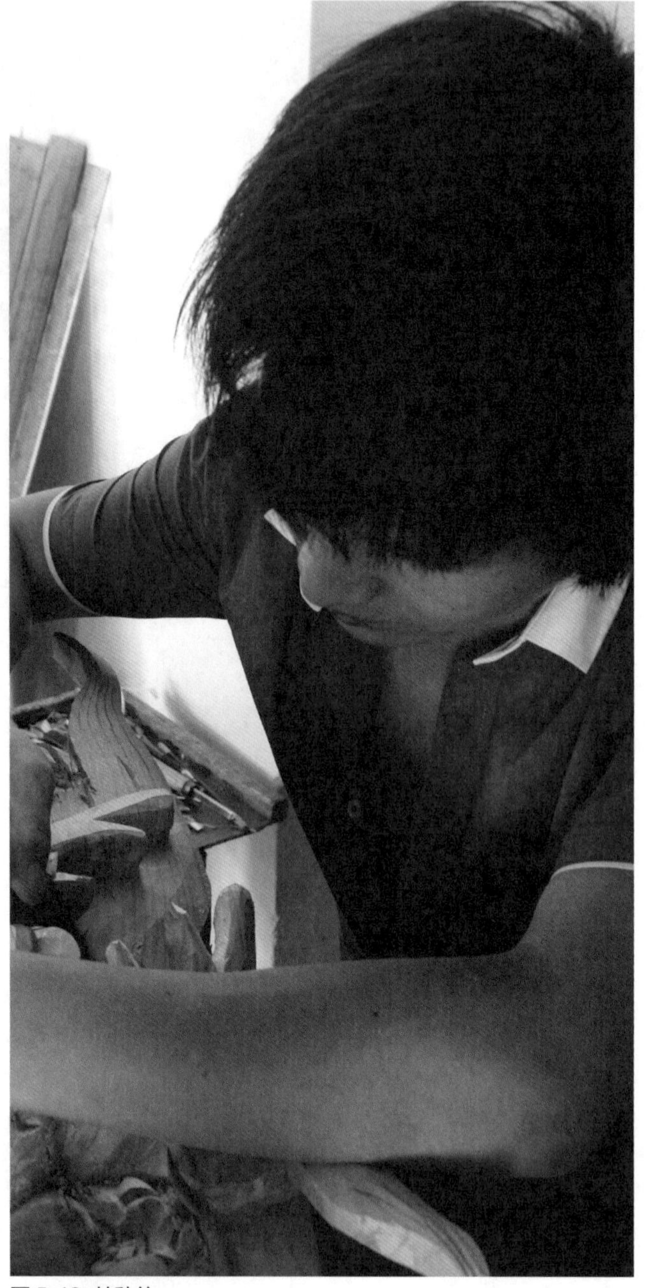

图 5-13 林秋佳

谈到赖老师的教徒方法，“反正入门教你，你的技术好不好还是要靠自己。他可以教你说这把刀要怎么拿，但具体用起来怎么样是要靠你个人的。”

林秋佳平时会看看别人是怎么做的，看到好的就模仿着做，觉得哪个更真实哪个就好一些。

对于做木雕的看法，他自己偶尔也会出现一些小矛盾。“比如说学了一年了，你会觉得在这边又没朋友，反正就是吃了睡，睡了吃，也想过要做别的。可是也有时候会想，我坚持这么久了，放弃了岂不是很可惜。还有一个原因，我家乡那边也有几个学这个的，我那时也打电话给我老妈说不学这个了，她就说：‘我们这边那么多个在学，他们都学得会，你学不会，丢不丢人啊。’所以我还是先做事吧。”

访谈与整理人员：华南农业大学岭南民艺平台

潮州木雕工艺研究课题组

语录

陈美光——做这种的都是有一定岁数的人，以前潮汕地区做工的很多，现在没什么年轻人在学。如果一年少一个人，那明年就少一个人了。

廖远胜——潮州本地的槌子没有木柄，我们浙江和江西的都是有木柄的，福建那边都是铁柄的。这个各个地方风俗不一样，我们是铁打木，他们是木打铁嘛，因为他们是用木槌的，我们都是用铁锤的。

图 5-14 潮州木雕作品

吴师傅——机器做起来不比手工的好，我就喜欢做手工的，手工的做起来就比机器好很多。机器的做起来就不好看，看起来死板，那东西一点都不灵活。

林秋佳——我老板经常说，你做完这个不用问别人做得好不好，就当这是别人做给你的，如果你不满意的话继续做。

图 5-15 木雕工具

第三节　工艺制作流程（潮州木雕）

潮州木雕是中国三大木雕之一，历史悠久，独具特色，主要用于传统装饰、神器装饰、家具装饰等。潮州木雕注重透雕，精雕细琢后贴上纯金箔则更加金碧辉煌，故又称金漆木雕。

一、起草图

图 5-16 草图

二、打坯

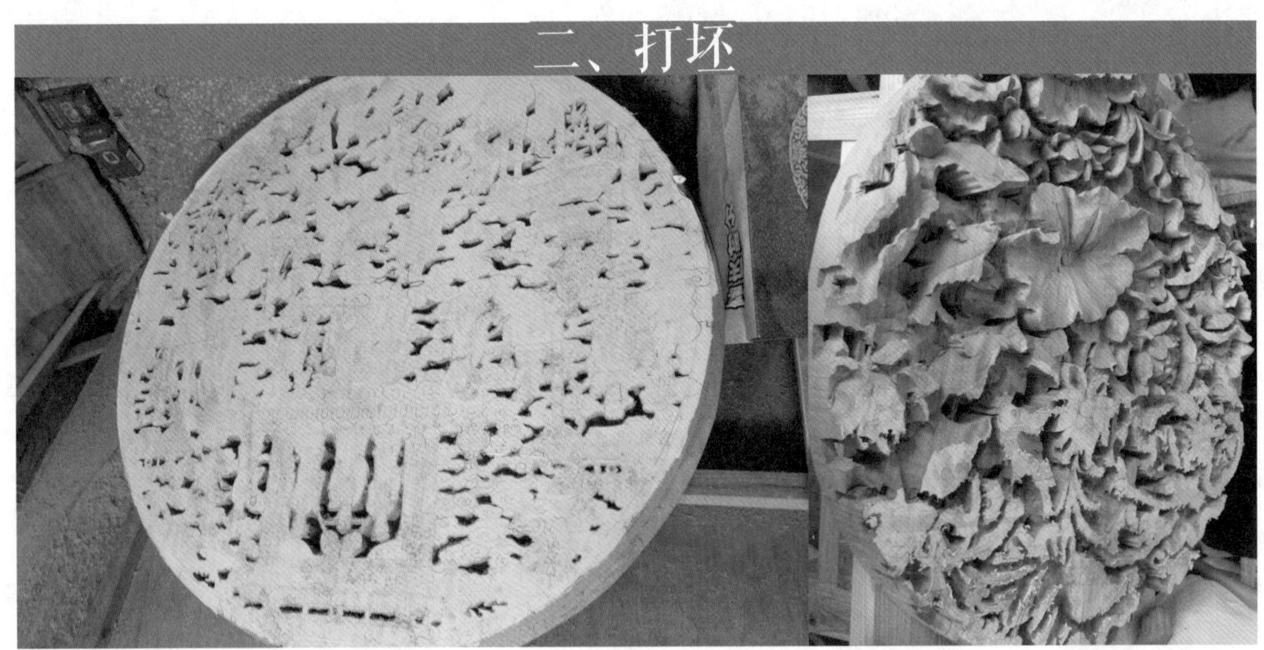

图 5-17 打坯

三、开料

图 5-18 木料

四、雕刻粗坯

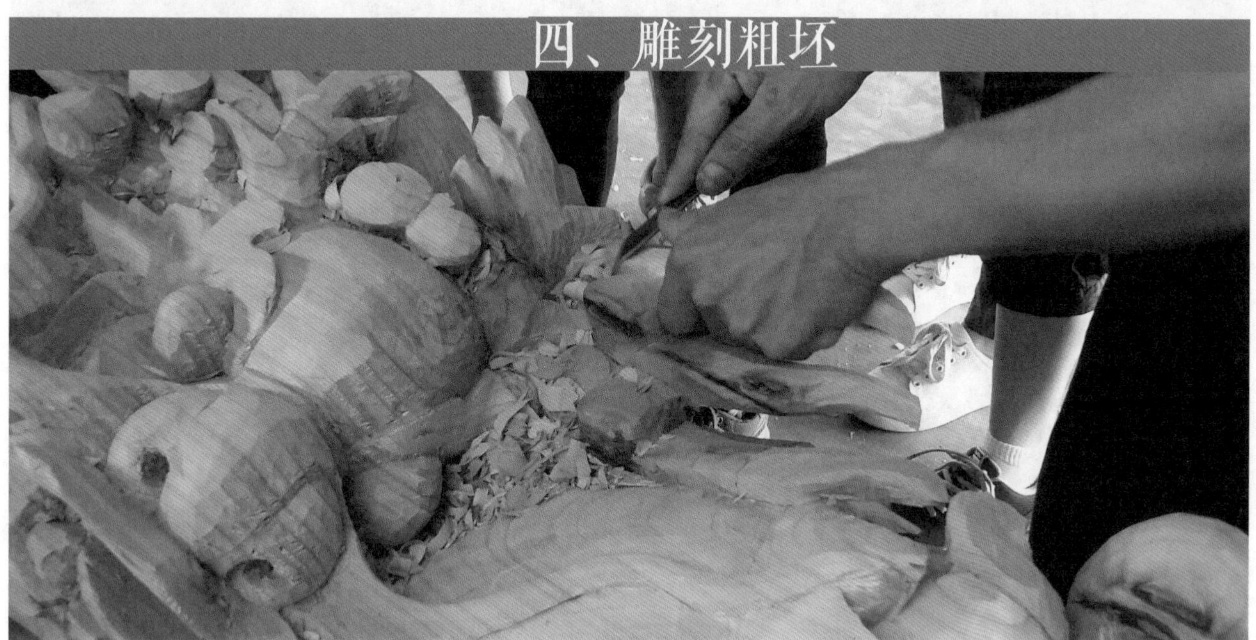

图 5-19 雕刻

五、开线修光

图 5-20 修光

六、上漆

图 5-21 上漆

七、贴金

图 5-22 贴金

图 6-1 潮州大木作

第六章 肖楚明

广东省非物质文化遗产建筑木结构营造技艺项目代表性传承人

「石头是金，木作是木，油（漆）是水，嵌瓷是火，屋檐属于灰工，灰工就是土，这五种工种组成一个队伍，才能建起一座祠堂。」

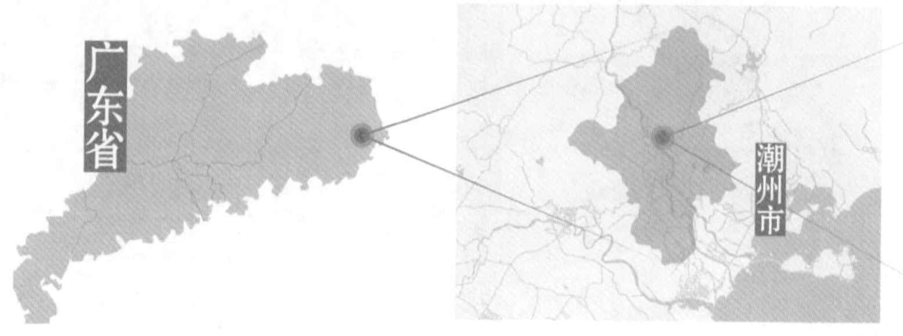

图 6-2 肖楚明大木作工作室

潮州建筑中由泥工匠打造的厝头精细、绚丽，木构架上的木雕华丽精细，加以漆画贴金，更显夺目。除此之外，潮州建筑中还集结了精美的金漆画、嵌瓷、灰塑等传统手工艺的成果，具有极高的美学价值。潮州传统建筑中的艺术装饰同时也具有着文化寓意。

广东省传统建筑名匠，广东省非物质文化遗产建筑木结构营造技艺项目代表性传承人肖楚明的家乡位于广东省潮州市湘桥区磷溪镇下辖的行政村——顶厝洲村。在这里，祖祖辈辈有句话叫“顶厝洲烧来烧去都是木屑木皮”。在很早以前，村子里没有田种，一般人都去做木工。作为一个木工之乡，这里孕育了一代又一代古建筑大木作的工匠师傅。

“我爷爷那一辈还是专做施工的，一路下来到我爷爷那个时候就做了好多包括开元寺的一些修缮工程，还有潮州各个地方的一些祠堂，有近一百座那种古宅祠堂。小时候我听爷爷说那时候去修饶平的祠堂，他们要翻山越岭走到那个地方，而且过河的时候是这样的：木工师傅有一个木箱，过河时就把工具全部放在木箱一起游过去。他们是翻山越岭去修缮古建筑的，那时候没办法，肚子饿又要养活家人，这样一代一代修过去。到我父亲这一代就刚好是‘文革’之后，碰上古建筑需要一定的修补修缮。那个时候我很荣幸有机会做开元寺的修缮工程，就一路跟着我爷爷做，一路学到后面恰逢广济门城楼维修，就做了总的施工，是我父亲这个队伍去做的木结构的施工。”肖楚明的儿子肖淳圭跟我们讲起了肖家大木作的家传历史。

第一节 肖楚明口述

肖楚明

出生年份：1950 年
籍贯：广东省潮州市
技艺：潮州大木作

广东省传统建筑名匠，广东省非物质文化遗产建筑木结构营造技艺项目代表性传承人
生于 20 世纪 50 年代，因家里为木作世家，小时候便跟着父亲在工地打下手，由此逐渐接触木作。

图 6-3 肖楚明（一）

图 6-4 潮州市别峰古寺

一、木作世家　历经变革

肖楚明，生于 20 世纪 50 年代，因家里为木作世家，小时候便跟着父亲在工地打下手，逐渐接触木作。

到初中时碰上“文革”，没有书可以读，17 岁就随父亲做起了木工。然而，那个时候庙宇祠堂民居都被要求停止修建，木工发展陷入了惨淡的十年。他们只能靠打打家具、修门修窗这些零活来维持生计，或者做些市政工程来换点米饭度日，生活十分艰苦。

“清代晚期中国为什么落后，就是做工的人被人看不起，工业搞不好，输给别人。那时候我们潮州搞古建筑，乡里（潮州市磷溪镇顶厝洲村）几个木工厂收到工作就在溪边做，我父亲在新中国成立之初就在（木工厂）当师傅，图纸都在他脑海里。‘文革’时期没有书读，我 17 岁就出来做，那时候没有（大木作的工作）做，我就盖盖房子做些家具，赚点工钱，那时候总是做鱼篮和寓意吉祥的东西。那时候中国工人工资低，工艺品大部分出口。”

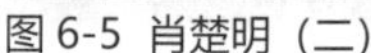

图 6-5 肖楚明（二）

图 6-6 木刨

二、大智若愚　工匠精神

到了 20 世纪 80 年代，亲戚中的许多人已经转行做其他行业，只有肖楚明和其父亲仍然坚持做木作。34 岁的他已经有能力收徒弟，他便慢慢组建了自己的班组。“我有时需要的话就去看怎么做，然后跟着做。会去看一些老厝（房子）、老祠堂，去到哪里就看到哪里。没手机没法拍，太高没法画，需要的话就用白纸画画，但不能太密集。古建筑要高低错落，不能模仿外国的。现在起高楼把山水都遮没了，人家想来看都没得看。古建筑的营造得实践。古建搞得比较精细的就是清末，开元寺天皇殿的木结构很不错，我们中国的木结构就是防震好。石头是金，木作是木，油(漆)是水，嵌瓷是火，屋檐属于灰工，灰工就是土，这五种工种组成一个队伍，才能建起一座祠堂。”

为人踏实、认真做工的肖楚明逐渐被人认可，有了一定的名声，但也时常被笑做事傻。肖楚明对工艺有着执著的追求，始终坚持做精、做好的做工态度。这也是维持这些工人二三十年不离不弃的原因。

图 6-7 木作结构

三、古稀之年　豪情仍存

迈入古稀之年的肖楚明仍精神抖擞，喜欢在乡间走街串巷。游走在老建筑的旧木作中，他脑海里都是图纸，偶尔还会上梁指导做工。谈起以前匠人斗艺，他至今仍对当年做揭阳地都吉祥寺时与人斗艺的经历念念不忘。“左边、右边两帮师傅，做的时候中间拉上一条布帘，这样做完再拆开比，各有特色。”他说现在年轻人看的好东西太少，以前有很多好东西，希望能够有人将这些东西传承下去，尤其是工匠行业。

“以后这个社会的发展最缺的就是做好一件事，把一件事情做精。”

第二节 肖楚明大木作工作室工匠名录

（一）肖淳圭

·心有所牵　转行传承

肖淳圭，肖楚明之子，本科计算机专业出身，曾任广东省石材行业协会美编及办公室主任，后转行做了几年房地产，现在回归祖业传承、发扬潮州大木作技艺。

“我感觉（大木作）确实是血汗工程。一滴血一滴汗地在做这件事，因为你一不小心踏错了分分钟就会掉下来，有生命危险的。在工地也确实看到我父亲那么辛苦，却得不到社会的认可。那时候我就是觉得，不行，我一定要回来，我要继承这个家业，我要把这个社会对它的不认同、不认可，尽力在我这一代或是下一代把它争取回来。然后慢慢的，我做下来后觉得，我的责任是把它的精神传承下去。因为现在中国不缺发展，也不缺老板，缺的就是能够静下心来把一件事情做好的这个态度、这个精神。

“所以我这个时候就慢慢觉醒，以后我就把这传承下来，不然确实是很可惜的，祖祖辈辈那么多人做了，你就是在别的地方发了财也不心安。

“我知道的是他（父亲）做了三四十年这种建筑工程，在本地及周边地区的同行里面，他确实是被认可的。在同行里面传递出来的声音是认可的，认可他确实是一个很好的工匠。但是实际在社会上就是没有地位，不要说出不出名，工人嘛，他各方面都显示出一个工人的气质，但这也是我觉得在他身上可以领略到的最有工匠精神的地方，就这一点我觉得他是非常值得我尊敬的。然后我感受到他在这个行业有很多年的沉淀，但是社会上的认可真的很少，之后我就想自己能够把父辈的精神也好技艺也好，把它延续下去。所以我就潜心下来去做这件事情。

“我父亲在做青龙古庙那个梁架的时候经常被别人笑，说那个师傅傻。为什么傻呢？其实我们，做这个梁架的时候，上面的屋顶一般是看不到的，上面粗平就好，不用怎么去修去磨。但是整个地方就只有他在那里磨，整个在不停抛，翻过来继续抛，人家说他傻，看不到的地方也做到完美。他这种追求完美的精神在那个时候被别人说是傻，包括我奶奶去拿饭给他们的时候也直接去批评他。然后我父亲是很工人气质的，我奶奶骂他傻他还不愿意，还生气。

“他就是用这种态度去做事，所以很多人都去找他，我们能够一路这样三十几年不停有工作做也是因为这个原因。我现在说是愚，其实是大智若愚。我一开始也不理解，也非常难受，为什么要这样做。但是现在我慢慢理解了他的这种执著。现在来说，最好的一个词就是工匠精神，那其实就是我父亲的这种愚。”

图 6-8 肖淳圭

图 6-9 潮州大木作研究课题组成员与工匠师傅合照

·潜心学艺　发扬木艺

2009 年，肖淳圭从学磨刀开始木作，他不是和父亲学，而是跟着父亲的徒弟学，也就是说成为了他父亲的徒孙。刚开始接触的时候，他感觉非常迷茫，因为他发现有一点令他很难接受，就是每一个东西都要做到非常精致，但是人家给的预算又达不到该有的程度。后来带他入门的师傅跟他说："你爷爷以前说了一句话，我们这一代赚不到钱不要紧，我们下一代赚不到钱也不要紧，我们的子孙后面都有得做就好。"听了这句话之后，他感触良多，觉得确实是要带有一点愚公精神的想法在里面，只要能够一路传承就行。

"比较幸运的是我的家族里，爷爷也好，父亲也好，都有这种想法和说法。父亲三句不离弦，他老在提你不要管赚钱，做好你的工作就好了。他有一段时间教导我时说了一句，'以后这个社会的发展最缺的就是做好一件事，把一件事情做精'。"

虽然手脚辛苦，但心里却觉得能体现自己的价值，这令他十分开心。由于祖辈都是做这个，他上手特别快，所以学起来很有成就感。"做设计也好，做施工也好，讲到底就是做到有一定作品之后，会有一种感觉，就是成就感，这种成就感就是支撑，我们不管辛苦也好，或者其他方面，支撑我们去奋斗、去传承的一个精神动力，我觉得就是一种成就感。"

现在肖淳圭有一个施工班组和一个设计工作室，专做古建筑方面。也因为是家族传承人，所以在传承木结构技艺的同时，他也在思考着如何在传承中能够做到与创新相结合，使之更好地适应社会需求。

"人确实要尊重上辈的努力，特别是这个（古建筑），我认为我们的传统建筑很重要的一点就是它是我们祖祖辈辈积累的劳动智慧的结晶。

"近两年我确实是想到了您（访问者）方才说的这些事情，我除了要把祖辈给我的这件事情传承下来，让更多的人能够从中学习，把这一门技艺传承下去，把这件事情做好的同时，我希望能够传递习总书记说的万众创新精神。'90 后'是很有创新精神的，所以像传统建筑，我希望以后的发展是能够在包括类似家装、类似园林等各个方面糅入我们传统文化、传统建筑的元素，包括现在最时尚的那种禅意空间。

"除了辛苦之外还有一句话，工人，被人瞧不起，就没地位，确实是。可能是整个社会的接纳度还不够，这两年还好，这两年有非遗传承人，像工匠也好，大师也好，各方面有社会的支持。慢慢以后，到你们这一代及以后发展就会更好了。"

图 6-10 肖明锐

（二）肖明锐

十几岁就和肖楚明在工地上认识。肖楚明介绍他去跟另一个师傅做门窗，从木工入行。做了一两年后，跟肖楚明从事大木作，已有 20 余年。现在的他被人亲切地称为“大师兄”。

肖明锐说：“做工嘛，工字出头，老话说‘三世无丈夫，不嫁花木工’。现在年轻人在这里学，没学三五年起步，基本操作就坐不住。你工具拿不了也坐不住，灵活的人一年半载就坐得住。”

“工艺这种东西要学得比较长，得你有兴趣。”

・对师父的看法

“师父的人品比较好。”“像师父这样，相对于别人，更舍得下功夫，他的工艺学得比别人多，得自己学。现在多数人是为了赚钱。”

关于师父（肖楚明）收徒弟的标准，他说“要勤劳耐吃苦，坐得住，学了十年才能当师傅”。

“功夫自己懂，知道哪里做得不好，是最重要的。自己要知道好在哪里，不好在哪里。”

访谈与整理人员：华南农业大学岭南民艺平台
潮州大木作研究课题组

语录

肖楚明——以后这个社会的发展最缺的就是做好一件事，把一件事情做精。

肖淳圭——做设计也好，做施工也好，讲到底就是做到有一定作品之后，会有一种感觉，就是成就感，这种成就感就是支撑，我们不管辛苦也好，或者其他方面，支撑我们去奋斗、去传承的一个精神动力，我觉得就是一种成就感。

肖明锐——做工嘛，工字出头，老话说「三世无丈夫，不嫁花木工」。现在年轻人在这里学，没学三五年起步，基本操作就坐不住。

图 6-11 木屑

结语

图 6-12 陈氏家庙

图 6-13 己略黄公祠

图 6-14 潮州民居

图 6-15 许驸马府

图 6-16 枚臣公祠

图 6-17 丁宦大宗

图 6-18 青龙古庙

图 6-19 别峰古寺

图 6-20 松林古寺

图 6-21 潮州市甲第巷

每当拜访完一位大师以及匠人，我们挥着手告别，虽只有短短的时间接触，但大师们给我们的启发却很多，受益匪浅。

潮州古建乃是一个大家（综合各种工艺的作品），很多项目需要大家协力建造，就如同建造祠堂一样，需要五个工种一起。开元寺的修缮闪耀着金子松和肖楚明等匠师的劳动成果，广济桥、青龙古庙的重建更是卢芝高、肖楚明等匠师共同倾力打造。

就像肖淳圭说的："我跟卢芝高大师他们是非常熟的合作伙伴。我父亲也是，像青龙古庙，他做嵌瓷，我们做木工，还有很多很多合作。"

潮州过去的工匠还需要斗艺。只有工匠的手艺过硬，才能拿到较好的报酬。也正是因为有斗艺，大家也更加拼命地提高自己的手艺。而如今，传统手艺人熬过了艰苦时期，坚守到现在。他们不断地描绘图纸和保存物件，也是希望后人能更好、更快地继承他们的手艺，不让手艺在自己手上断层。

时代在发展，越来越多人意识到中国传统文化的宝贵，而不是一味地崇洋媚外。政府也开始重视，但如何能吸引更多年轻人加入这一行业呢？不单单是手艺人，我们也在思考。

口述工作坊的我们，仍在探寻的路上。

华南农业大学岭南民艺平台

寻回传统生活之美，营造美好生活之境

岭南民艺平台，全称“岭南风景园林传统技艺教学与实验平台”，是依托华南农业大学林学与风景园林学院的公益性学术研究平台。以保护与传承岭南地区传统民间工艺为使命，以研究与孵化培育为己任，以产学研相结合的方式促进与推动岭南地区传统技艺的再发现、再研究、再思考与再创作，为岭南民艺的可持续发展搭建一个研究、培育、互利的公益平台。

岭南民艺平台成立于2016年，先期以“口述工艺”工作坊开启以岭南传统工艺匠作为内容的遗产教育与研究活动，带领在校大学生进入工匠的工坊、企业、工作室之中，实地学习记录岭南传统技艺流程，以口述历史研究方法记录岭南地区的传承人与匠师，并形成文献与影像记录档案，让高校学子与研究力量真正进入非遗保护现场发挥力量。

经过近五年的积累与发展，岭南民艺平台已形成研究、传承教育、设计营造三个版块内容，聚合高校专业教师与研究者、在校大学生、岭南非物质文化遗产传承人与行业专家、行业协会及产业资源力量，共同探讨岭南传统技艺的传承与发展。

指导老师

李晓雪

华南农业大学林学与风景园林学院教师，岭南民艺平台负责人，硕士生导师，日本筑波大学世界遗产专攻访问学者，广东园林学会盆景赏石专业委员会副主任委员。主要研究方向为风景园林遗产保护与管理，传统技艺研究，遗产教育与传播。

李自若

华南农业大学林学与风景园林学院教师，秾·可食地景研究组负责人，硕士生导师，芬兰阿尔托大学访问学者，华南理工大学建筑学博士。研究方向为地域景观，研究对象涉及乡村景观、民居建筑、风景园林遗产、可食用景观、教育环境、社区营造等。

高伟

华南农业大学林学与风景园林学院风景园林专业主任，副教授，硕士生导师，美国北卡罗来纳大学夏洛特分校访问学者，中国风景园林学会理事，广东园林学会常务理事。主要研究领域为湾区建成环境更新与公共健康、善境伦理与历史环境教育。

陈意微

华南农业大学林学与风景园林学院讲师；毕业于华南理工大学，博士；中国风景园林学会理论与历史专业委员会委员。研究方向为中国传统园林香景（Smellscape）、设计与健康。

翁子添

华南农业大学岭南民艺平台盆景组负责人，广州上景园林景观设计有限公司设计师。出身于盆景世家，现任广东盆景协会副理事长，广东园林学会盆景赏石分会副理事长。

李沂蔓

华南理工大学风景园林系在读博士研究生。研究方向为清代广州园林生活；热爱中国传统文化艺术；研习中国传统插花艺术。

陈绍涛

华南农业大学林学与风景园林学院副教授，硕士生导师；广东省公共资源综合评标评审专家。研究方向为亚热带建筑与环境设计，园林建筑设计、传统园居当代实践、住区与综合体规划设计。

陈燕明

华南农业大学林学与风景园林学院副教授，硕士生导师。研究方向为SITES可持续场地评估与设计、生态园林设计、生态修复、自然教育景观、英石文化与岭南新园林。

岭南民艺平台历届课题组成员

2016 岭南民艺平台成员

2017-2018 岭南民艺平台成员

2018-2019 岭南民艺平台成员

2019 岭南民艺平台成员